河合塾
SERIES

マーク式
基礎問題集

生物基礎

三訂版

河合塾講師
和田英男・大島えみし・
汐津美文・前田 真
…[共著]

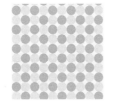

河合出版

は じ め に

　この問題集は，大学入学共通テスト(以下，共通テスト)やマーク式の私大入試(以下，私大入試)などで，「生物基礎」を選択する受験生の基礎力の養成を目的としたものです。

　共通テストや私大入試などで高得点を取るためには，基礎的な生物の知識をバラバラに覚えるのではなく，互いに関連づけて体系的に理解することと，実験結果や図表をもとに論理的に考察することが必要です。

　第1部(基礎編)では，「生物基礎」の範囲について，基礎的な知識が効率よく身につくように問題を選んで配列しました。したがって，問題を解き，解説を熟読すれば，「生物基礎」の全範囲の基本事項をもれなく習得することができる構成になっています。

　第2部(実戦編)では，生物学的な知識を適用・応用する力，必要なデータを抽出し，抽出したデータを分析する力，仮説を立て，その仮説を検証するための方法を立案する力，数理的な思考力など，これからの共通テストや私大入試で求められる力を養うための問題を配列しました。

　この問題集で十分に基礎力を培った後，さらに「共通テスト総合問題集」で実戦的な問題演習を行えば，共通テストや私大入試などに対する備えは万全です。この問題集では，「生物基礎」の学習指導要領に示されていない発展的な内容を含む問題には★印をつけてありますので，それらの問題については興味・関心や必要に応じて学習してください。

河合塾生物科

和田　英男

大島　えみし

汐津　美文

前田　真

目　　次

第1部 基礎編

第1章
生物の特徴

1-1 顕微鏡操作 ◆◆◆◆◆◆◆◆◆◆◆◆◆◆◆◆◆◆◆◆◆◆◆◆◆◆◆◆◆◆◆◆◆◆◆

光学顕微鏡を用いて試料を観察するときには，　ア　レンズ，　イ　レンズの順にレンズを装着した後，　ウ　にプレパラートをセットする。次に，　エ　調節ねじを回して，対物レンズとプレパラートを　オ　後，接眼レンズをのぞきながら調節ねじを回して，対物レンズとプレパラートをゆっくりと　カ　ピントを合わせる。

問1　文章中の　ア　～　ウ　に入る語の組合せとして最も適当なものを，次の①～④のうちから一つ選べ。　1

	ア	イ	ウ		ア	イ	ウ
①	接眼	対物	鏡台	②	接眼	対物	ステージ
③	対物	接眼	鏡台	④	対物	接眼	ステージ

問2　文章中の　エ　～　カ　に入る語句の組合せとして最も適当なものを，次の①～④のうちから一つ選べ。　2

	エ	オ	カ
①	接眼レンズをのぞきながら	近づけた	遠ざけながら
②	接眼レンズをのぞきながら	遠ざけた	近づけながら
③	横から見ながら	近づけた	遠ざけながら
④	横から見ながら	遠ざけた	近づけながら

問3　視野の右上に見えた細胞を視野の中央に移動させる際，プレパラートを動かす方向として最も適当なものを，次の①～④のうちから一つ選べ。　3
① 右上　　　② 右下　　　③ 左上　　　④ 左下

問4　対物レンズを低倍率のものから高倍率のものに変えて観察した際の視野の明るさの変化としぼりの調節に関する記述として最も適当なものを，次の①～④のうちから一つ選べ。　4
① 視野が明るくなるので，しぼりをしぼって観察する。
② 視野が明るくなるので，しぼりを開いて観察する。
③ 視野が暗くなるので，しぼりをしぼって観察する。
④ 視野が暗くなるので，しぼりを開いて観察する。

1−2 ミクロメーター ◆◆◆◆◆◆◆◆◆◆◆◆◆◆◆◆◆◆◆◆◆◆◆◆◆◆◆◆

　光学顕微鏡の ア レンズの筒内に ア ミクロメーターをセットし，1mmを100等分した目盛りが刻まれている イ ミクロメーターをステージに置いてピントを合わせると，次の図1のように見えた。このとき， ア ミクロメーターの1目盛りが示す長さは ウ μmである。次に， イ ミクロメーターを取り外してプレパラートをセットし，(a)倍率を変えずに観察すると，次の図2のように見えた。

図1　　　　　　　　　　　図2

問1 文章中の ア ～ ウ に入る語と数値の組合せとして最も適当なものを，次の①～④のうちから一つ選べ。 1

	ア	イ	ウ
①	接眼	対物	6.25
②	接眼	対物	16
③	対物	接眼	6.25
④	対物	接眼	16

問2 図2の細胞の長径(μm)として最も適当なものを，次の①～④のうちから一つ選べ。 2 μm
　① 131　　　② 210　　　③ 336　　　④ 420

問3 下線部(a)に関連して，対物レンズを低倍率のものから高倍率のものに変えて観察した場合， ア ミクロメーターの1目盛りが示す長さはどのように変化するか。最も適当なものを，次の①～③のうちから一つ選べ。 3
　① 長くなる。　　② 短くなる。　　③ 変化しない。

1-3　生物の多様性と共通性 ◆◆◆◆◆◆◆◆◆◆◆◆◆◆◆◆◆◆◆◆◆◆◆◆◆◆◆◆◆

　地球上には，森林や草原，海や湖沼などの様々な環境が存在し，そこに(a)多種多様な生物が生息している。これらの生物には共通した特徴がみられることから，すべての生物は共通の祖先から進化し，長い年月を経て多様化したと考えられている。

　(b)ヒトを含む哺乳類，鳥類，は虫類，両生類，魚類は，脊椎をもつ共通の祖先から進化してきたため様々な共通性がみられるが，多様性もみられる。

問1　下線部(a)について，現在，名前がつけられている生物の種の数として最も適当なものを，次の①〜④のうちから一つ選べ。　**1**
　　① 約19000　　② 約19万　　③ 約190万　　④ 約1900万

問2　すべての生物に共通してみられる特徴として**誤っているもの**を，次の①〜④のうちから一つ選べ。　**2**
　　① からだが細胞からできている。
　　② 遺伝情報としてDNAをもつ。
　　③ 自己と同じ特徴をもつ個体をつくる。
　　④ 生命活動に必要な有機物を無機物から合成する。

問3　下線部(b)に関連して，次の図中の　**3**　〜　**7**　にあてはまる生物として最も適当なものを，下の①〜⑤のうちから一つずつ選べ。

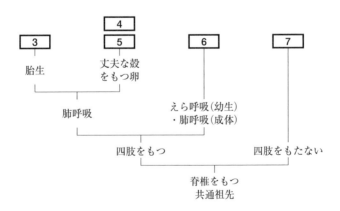

　　① コイ　　② ハト　　③ トカゲ　　④ ネズミ　　⑤ カエル

1－4 細胞の発見と顕微鏡の発達 ◆◆◆◆◆◆◆◆◆◆◆◆◆◆◆◆◆◆◆◆◆◆◆

　1665年，　 1 　は自作の顕微鏡を用いてコルク片を観察して，無数の中空の構造を発見し，細胞と名づけた。19世紀に入ると，1838年に　 2 　が植物について，1839年に　 3 　が動物について，「生物のからだはすべて細胞からできている」という　 4 　を提唱した。

　細胞の研究は，顕微鏡の発達と密接に関係している。可視光線を用いる光学顕微鏡では，細胞内の比較的大きな構造体を観察することはできるが，微細な構造体を観察することはできなかった。その後，電子線を用いる電子顕微鏡が発明されたことにより，細胞の微細構造が観察できるようになった。

問1　文章中の　 1 　～　 4 　に入る語として最も適当なものを，次の①～⑥のうちから一つずつ選べ。
① シュライデン　　　② シュワン　　　③ フック
④ 細胞内共生説　　　⑤ 細胞説　　　　⑥ 進化説

問2　近接した2点を2点として見分けることができる最小の間隔を分解能という。光学顕微鏡と電子顕微鏡の分解能として最も適当なものを，次の①～④のうちから一つずつ選べ。
光学顕微鏡 5 　電子顕微鏡 6
① 0.2 cm　　　② 0.2 mm　　　③ 0.2 μm　　　④ 0.2 nm

問3　エイズウイルス，大腸菌，ミトコンドリアの観察に関する記述として最も適当なものを，次の①～⑥のうちから一つ選べ。 7
① エイズウイルスと大腸菌は光学顕微鏡で観察できるが，ミトコンドリアは電子顕微鏡でなければ観察できない。
② エイズウイルスとミトコンドリアは光学顕微鏡で観察できるが，大腸菌は電子顕微鏡でなければ観察できない。
③ 大腸菌とミトコンドリアは光学顕微鏡で観察できるが，エイズウイルスは電子顕微鏡でなければ観察できない。
④ エイズウイルスは光学顕微鏡で観察できるが，大腸菌とミトコンドリアは電子顕微鏡でなければ観察できない。
⑤ 大腸菌は光学顕微鏡で観察できるが，エイズウイルスとミトコンドリアは電子顕微鏡でなければ観察できない。
⑥ ミトコンドリアは光学顕微鏡で観察できるが，エイズウイルスと大腸菌は電子顕微鏡でなければ観察できない。

1－5　細胞の構造と機能 ◆◆◆◆◆◆◆◆◆◆◆◆◆◆◆◆◆◆◆◆◆◆◆◆◆◆◆◆◆

次の図は，ある植物細胞の模式図である。

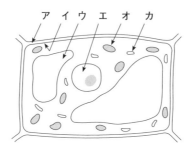

問1　図中の**ア〜カ**の構造の名称として最も適当なものを，次の①〜⑥のうちから一つずつ選べ。

ア 1 　イ 2 　ウ 3 　エ 4 　オ 5 　カ 6

① 液胞　　② 核　　③ 細胞壁　　④ 細胞膜　　⑤ 葉緑体

⑥ ミトコンドリア

問2　図中の**ア〜カ**の構造のうち，動物細胞ではみられない構造として適当なものを，次の①〜⑥のうちから三つ選べ。ただし，解答の順序は問わない。

7 　 8 　 9

① ア　　② イ　　③ ウ　　④ エ　　⑤ オ　　⑥ カ

問3　次の@〜①の働きや特徴をもつ構造として最も適当なものを，**問1**の①〜⑥のうちから一つずつ選べ。

ⓐ　呼吸に関係し，生命活動に必要なエネルギーを取り出す。 10

ⓑ　セルロースを含み，細胞構造を保持する。 11

ⓒ　光エネルギーを用いて有機物を合成する。 12

ⓓ　遺伝物質であるDNAを多量に含む。 13

ⓔ　アントシアンなどの色素を含む。 14

ⓕ　厚さ5〜10 nmの膜で細胞内外の物質の出入りに関係する。 15

1−6　原核細胞と真核細胞 ◆◆◆◆◆◆◆◆◆◆◆◆◆◆◆◆◆◆◆◆◆◆◆◆◆◆

　生物体を構成する細胞には，原核細胞と真核細胞がある。原核細胞からなる生物を原核生物とよび，真核細胞からなる生物を真核生物とよぶ。

問1　原核生物と真核生物の組合せとして最も適当なものを，次の①〜④のうちから一つ選べ。　1

	原核生物	真核生物
①	大腸菌	オオカナダモ
②	オオカナダモ	乳酸菌
③	乳酸菌	ネンジュモ
④	ネンジュモ	大腸菌

問2　原核細胞と真核細胞に関する記述として**誤っているもの**を，次の①〜④のうちから一つ選べ。　2

① 原核細胞は真核細胞よりも小さい。

② 真核細胞ではDNAが核膜で囲まれているが，原核細胞ではDNAが核膜で囲まれていない。

③ 真核細胞は細胞膜をもつが，原核細胞は細胞膜をもたず細胞壁をもつ。

④ 真核細胞では様々な細胞小器官が発達しているが，原核細胞は葉緑体やミトコンドリアなどの細胞小器官をもたない。

問3　原核細胞と真核細胞の代謝に関する記述として最も適当なものを，次の①〜⑤のうちから一つずつ選べ。ただし，同じものを繰り返し選んでもよい。
　原核細胞　3　　真核細胞　4

① 多くの細胞が呼吸と光合成の両方を行う。

② 多くの細胞が呼吸を行い，一部の細胞は光合成も行う。

③ 多くの細胞が呼吸を行うが，光合成を行う細胞は存在しない。

④ 多くの細胞が光合成を行い，一部の細胞は呼吸も行う。

⑤ 多くの細胞が光合成を行うが，呼吸を行う細胞は存在しない。

1－7　ウイルス ◆◆◆◆◆◆◆◆◆◆◆◆◆◆◆◆◆◆◆◆◆◆◆◆◆◆◆◆◆◆◆◆◆◆◆◆◆

　2019年の12月以降，コロナウイルスによる感染症が世界的に大流行した。ウイルスは，　ア　と，それを包む　イ　の殻からなる微細な粒子である。

問1　文章中の　ア　・　イ　に入る語の組合せとして最も適当なものを，次の①〜⑥のうちから一つ選べ。　1

	ア	イ
①	核酸	炭水化物
②	核酸	タンパク質
③	炭水化物	核酸
④	炭水化物	タンパク質
⑤	タンパク質	核酸
⑥	タンパク質	炭水化物

問2　ウイルスと生物に共通する特徴として最も適当なものを，次の①〜④のうちから一つ選べ。　2
① 細胞からなる。
② 遺伝情報をもつ。
③ 代謝を行う。
④ 生殖を行う。

問3　次の@〜©のうち，ウイルスによって引き起こされる感染症はどれか。それらを過不足なく含むものを，下の①〜⑦のうちから一つ選べ。　3
　@ インフルエンザ　　⑥ 結核　　© エイズ（後天性免疫不全症候群）
① @　　② ⑥　　③ ©　　④ @, ⑥　　⑤ @, ©
⑥ ⑥, ©　　⑦ @, ⑥, ©

1-8　単細胞生物と多細胞生物 ◆◆◆◆◆◆◆◆◆◆◆◆◆◆◆◆◆◆◆◆◆◆◆

　生物のからだは細胞からできており，ゾウリムシなどのようにからだが一つの細胞からできている単細胞生物と，ヒトやイネなどのようにからだが多数の細胞からできている多細胞生物に分けられる。

　単細胞生物は1個の細胞で生命活動を行うため，(a)細胞内に特殊な構造が発達しているものが多い。多細胞生物では，同じ働きをもつ細胞が集まって　ア　をつくり，いくつかの　ア　が集まってまとまりのある働きを行う　イ　が発達しているものが多い。

問1　単細胞生物と多細胞生物の組合せとして最も適当なものを，次の①〜④のうちから一つ選べ。　1

	単細胞生物	多細胞生物
①	ミジンコ	アオミドロ
②	ミジンコ	クラミドモナス
③	ミドリムシ	アオミドロ
④	ミドリムシ	クラミドモナス

問2　下線部(a)に関連して，ゾウリムシの細胞内にみられる構造に関する記述として**誤っているもの**を，次の①〜④のうちから一つ選べ。　2

① 大核と小核が存在し，小核は生殖に関与する。
② 食物は細胞口から取り込まれる。
③ 食胞では，食物の消化と吸収が行われる。
④ 収縮胞を収縮させることで運動する。

問3　文章中の　ア　・　イ　に入る語の組合せとして最も適当なものを，次の①〜⑥のうちから一つ選べ。　3

	ア	イ		ア	イ
①	器官	細胞群体	②	器官	組織
③	細胞群体	器官	④	細胞群体	組織
⑤	組織	器官	⑥	組織	細胞群体

1－9　植物の葉の構造 ◆◆◆◆◆◆◆◆◆◆◆◆◆◆◆◆◆◆◆◆◆◆◆◆◆◆◆◆◆

次の図は，ある双子葉植物の葉の断面を模式的に示したものである。

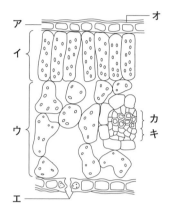

問1　図中の**ア～キ**の各部の名称として最も適当なものを，次の①～⑦のうちから一つずつ選べ。

ア　1　　イ　2　　ウ　3　　エ　4　　オ　5　　カ　6
キ　7

①　海綿状組織　　②　師部　　③　孔辺細胞　　④　さく状組織
⑤　木部　　⑥　クチクラ層　　⑦　表皮

問2　図中の**ア～キ**のうち，葉緑体を含む細胞が存在する部分として適当なものを，次の①～⑦のうちから三つ選べ。ただし，解答の順序は問わない。

　8　　9　　10
①　ア　　②　イ　　③　ウ　　④　エ　　⑤　オ　　⑥　カ　　⑦　キ

問3　葉を構成する組織や細胞に関する記述として**誤っているもの**を，次の①～④のうちから一つ選べ。　11
①　クチクラ層は植物体の乾燥を防ぐ役割をもつ。
②　さく状組織に比べて，海綿状組織では細胞間隙が発達している。
③　木部と師部の間に形成層とよばれる分裂組織がみられる。
④　双子葉植物では，孔辺細胞は葉の裏面に多くみられる。

1－10　植物の茎の構造 ◆◆◆◆◆◆◆◆◆◆◆◆◆◆◆◆◆◆◆◆◆◆◆◆◆◆◆

次の図は，ある双子葉植物の茎の断面を模式的に示したものである。

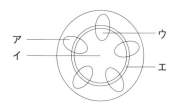

問1　図中の**ア～ウ**の各部の名称として最も適当なものを，次の①～⑤のうちから一つずつ選べ。

ア　1　　イ　2　　ウ　3

①　表皮　　　②　木部　　　③　髄　　　④　皮層　　　⑤　師部

問2　図中の**エ**の部分に関する記述として最も適当なものを，次の①～④のうちから一つ選べ。　4
　①　形成層とよばれる分裂組織で，茎の伸長成長に関係する。
　②　形成層とよばれる分裂組織で，茎の肥大成長に関係する。
　③　頂端分裂組織とよばれる分裂組織で，茎の伸長成長に関係する。
　④　頂端分裂組織とよばれる分裂組織で，茎の肥大成長に関係する。

問3　茎の師管と道管に関する記述として最も適当なものを，次の①～④のうちから一つ選べ。　5
　①　師管は生きた細胞からなり，葉で合成された有機物の通路となる。
　②　師管は死んだ細胞からなり，根で吸収した水や無機塩類の通路となる。
　③　道管は生きた細胞からなり，根で吸収した水や無機塩類の通路となる。
　④　道管は死んだ細胞からなり，葉で合成された有機物の通路となる。

1-11 動物の組織 ◆◆◆◆◆◆◆◆◆◆◆◆◆◆◆◆◆◆◆◆◆◆◆◆◆◆◆◆◆◆

次の図は，ある動物の小腸の断面を模式的に示したものである。

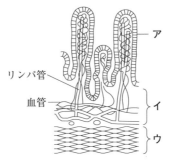

問1 図中の**ア〜ウ**が属する組織の組合せとして最も適当なものを，次の①〜④
のうちから一つ選べ。 1

	ア	イ	ウ
①	上皮組織	結合組織	筋肉組織
②	上皮組織	筋肉組織	結合組織
③	結合組織	上皮組織	筋肉組織
④	結合組織	筋肉組織	上皮組織

問2 小腸には，上皮組織，結合組織，筋肉組織の他に，神経組織もみられる。
この神経組織と小腸の運動(ぜん動)に関する記述として最も適当なものを，
次の①〜④のうちから一つ選べ。 2
① 運動神経によって促進され，感覚神経によって抑制される。
② 感覚神経によって促進され，運動神経によって抑制される。
③ 交感神経によって促進され，副交感神経によって抑制される。
④ 副交感神経によって促進され，交感神経によって抑制される。

問3 動物の上皮組織，結合組織，筋肉組織，神経組織の各組織の特徴として最
も適当なものを，次の①〜④のうちから一つずつ選べ。
上皮組織 3 結合組織 4 筋肉組織 5 神経組織 6
① 刺激によって生じた興奮を他の細胞に伝える。
② 刺激に応じて，収縮・弛緩する。
③ 体表や消化管・血管の内表面を覆う。
④ 多量の細胞間物質を含み，組織と組織を結びつけたり支えたりする。

1−12 代謝とエネルギー ◆◆◆◆◆◆◆◆◆◆◆◆◆◆◆◆◆◆◆◆◆◆◆◆◆◆◆◆◆◆◆◆◆◆◆◆◆

生体内では，物質を合成したり分解したりする反応が常に起こっている。このような化学反応全体をまとめて代謝とよぶ。細胞内での代謝によるエネルギーのやり取りは(a)ATPとよばれる物質を仲立ちとして行われている。

問1 下線部(a)に関する記述として最も適当なものを，次の①〜④のうちから一つ選べ。 | 1 |

① ATPはアデノシンにリン酸が1個結合した化合物である。
② アデノシンは，アデニンにデオキシリボースが結合したものである。
③ アデノシンとリン酸との結合を高エネルギーリン酸結合という。
④ ATP が分解されるとADPとリン酸が生じる。

問2 ATP のエネルギーが利用される例として**誤っているもの**を，次の①〜④のうちから一つ選べ。 | 2 |

① 生体物質の合成
② 筋肉の収縮
③ 抗原抗体反応
④ ホタルの発光

問3 代謝におけるエネルギーの流れに関する記述として**誤っているもの**を，次の①〜④のうちから一つ選べ。 | 3 |

① 植物は，光エネルギーをATPなどの化学エネルギーに変換し，その化学エネルギーを利用して有機物を合成する。
② 植物は，自らが光合成で合成した有機物を呼吸によって分解し，その際に取り出されるエネルギーを利用してATPを合成する。
③ 動物は，他の生物がつくった有機物を取り入れ，その有機物を生命活動のエネルギー源として利用している。
④ 動物の呼吸では，有機物の分解反応が急激に進むので，エネルギーの大部分が熱や光として放出される。

1-13 酵 素 ◆◆◆◆◆◆◆◆◆◆◆◆◆◆◆◆◆◆◆◆◆◆◆◆◆◆◆◆◆◆◆◆◆◆◆◆◆◆

　生物は，代謝によって必要な物質を合成したり，生命活動に必要なエネルギーを取り出したりしている。このような反応は，酵素が触媒することによって促進される。酵素の主成分は　ア　であり，DNAの遺伝情報に基づいて細胞内で合成される。酵素が作用する物質を基質といい，(a)酵素が特定の基質にのみ作用する性質を基質　イ　という。

問1　文章中の　ア　・　イ　に入る語の組合せとして最も適当なものを，次の①～④のうちから一つ選べ。　1　

　　　　　　ア　　　　　　イ
① 炭水化物　　　相補性
② 炭水化物　　　特異性
③ タンパク質　　相補性
④ タンパク質　　特異性

問2　酵素が働く場所に関する記述として**誤っているもの**を，次の①～④のうちから一つ選べ。　2　

① 核内には，DNAの合成に関係する酵素が含まれる。
② ミトコンドリア内には，呼吸に関係する酵素が含まれる。
③ 葉緑体内には，光合成に関係する酵素が含まれる。
④ 酵素は細胞内でのみ働き，細胞外で働く酵素は存在しない。

問3　下線部(a)に関連して，酵素とその酵素の基質の組合せとして**誤っているもの**を，次の①～④のうちから一つ選べ。　3　

　　　　酵素　　　　　　基質
① アミラーゼ　　　デンプン
② カタラーゼ　　　過酸化水素
③ トリプシン　　　脂肪
④ ペプシン　　　　タンパク質

1−14　光合成・呼吸　◆◆◆◆◆◆◆◆◆◆◆◆◆◆◆◆◆◆◆◆◆◆◆◆◆◆

　すべての生物は，有機物を分解して生命活動に必要なエネルギーを得る呼吸を行う。また，植物は光エネルギーを用いて有機物を合成する光合成を行う。生体内で行われる呼吸や光合成などの様々な化学反応全体をまとめて代謝とよび，(a)代謝は同化と異化に大別される。

問1　真核細胞において，呼吸と光合成が行われる細胞小器官として最も適当なものを，次の①〜④のうちから一つずつ選べ。

呼吸 [1]　光合成 [2]

① 液胞　　② 核　　③ ミトコンドリア　　④ 葉緑体

問2　呼吸と光合成の反応を表した式として最も適当なものを，次の①〜④のうちから一つずつ選べ。

呼吸 [3]　光合成 [4]

① 酸素 ＋ 水 ＋ 光エネルギー ⟶ 有機物 ＋ 二酸化炭素

② 二酸化炭素 ＋ 水 ＋ 光エネルギー ⟶ 有機物 ＋ 酸素

③ 有機物 ＋ 酸素 ⟶ 二酸化炭素 ＋ 水 ＋ エネルギー

④ 有機物 ＋ 二酸化炭素 ⟶ 酸素 ＋ 水 ＋ エネルギー

問3　下線部(a)に関する次の記述ⓐ〜ⓓのうち，正しい記述の組合せとして最も適当なものを，下の①〜④のうちから一つ選べ。 [5]

　ⓐ　同化はエネルギーを吸収する反応であり，異化はエネルギーを放出する反応である。

　ⓑ　同化はエネルギーを放出する反応であり，異化はエネルギーを吸収する反応である。

　ⓒ　光合成における糖の合成は同化であり，呼吸による糖の分解は異化である。

　ⓓ　光合成における糖の合成は異化であり，呼吸による糖の分解は同化である。

① ⓐ, ⓒ　　② ⓐ, ⓓ　　③ ⓑ, ⓒ　　④ ⓑ, ⓓ

1−15 ミトコンドリアと葉緑体の起源 ◆◆◆◆◆◆◆◆◆◆◆◆◆◆◆◆◆◆◆◆◆◆◆

　真核細胞内には様々な細胞小器官が存在する。そのうち，ミトコンドリアと葉緑体については，原始的な真核細胞内にある種の原核生物Xが共生してミトコンドリアが生じ，原始的な真核細胞内にある種の原核生物Yが共生して葉緑体が生じたと考えられている。この考えを細胞内共生説という。

★問1　原核生物Xと原核生物Yの組合せとして最も適当なものを，次の①〜⑥のうちから一つ選べ。 1

	原核生物X	原核生物Y
①	アメーバ	好気性細菌(呼吸を行う細菌)
②	アメーバ	シアノバクテリア
③	好気性細菌	アメーバ
④	好気性細菌	シアノバクテリア
⑤	シアノバクテリア	アメーバ
⑥	シアノバクテリア	好気性細菌

★問2　次の記述ⓐ〜ⓓのうち，細胞内共生説の根拠として正しい記述の組合せとして最も適当なものを，下の①〜④のうちから一つ選べ。 2
　ⓐ　ミトコンドリアと葉緑体は，核と同じDNAをもつ。
　ⓑ　ミトコンドリアと葉緑体は，核とは異なる独自のDNAをもつ。
　ⓒ　ミトコンドリアと葉緑体は，細胞内で半自律的に分裂・増殖する。
　ⓓ　ミトコンドリアと葉緑体は，細胞外で自律的に分裂・増殖する。
　①　ⓐ, ⓒ　　　②　ⓐ, ⓓ　　　③　ⓑ, ⓒ　　　④　ⓑ, ⓓ

★問3　共生と細胞の進化に関する記述として最も適当なものを，次の①〜④のうちから一つ選べ。 3
　①　Xのみが共生した細胞は動物細胞に，Xが共生した後にYが共生してXとYの両方が共生した細胞は植物細胞にそれぞれ進化した。
　②　Xのみが共生した細胞は植物細胞に，Xが共生した後にYが共生してXとYの両方が共生した細胞は動物細胞にそれぞれ進化した。
　③　Yのみが共生した細胞は動物細胞に，Yが共生した後にXが共生してXとYの両方が共生した細胞は植物細胞にそれぞれ進化した。
　④　Yのみが共生した細胞は植物細胞に，Yが共生した後にXが共生してXとYの両方が共生した細胞は動物細胞にそれぞれ進化した。

第2章
遺伝子とその働き

2−1 核 酸 ◆◆◆◆◆◆◆◆◆◆◆◆◆◆◆◆◆◆◆◆◆◆◆◆◆◆◆◆◆◆◆◆◆◆◆◆◆◆◆

　細胞内には，タンパク質，炭水化物，核酸などの有機物が含まれている。DNA
やRNAなどの核酸は，糖，塩基，リン酸が結合した(a)ヌクレオチドとよばれる物
質が多数結合したものである。

問1　DNAに含まれる糖とRNAに含まれる糖の組合せとして最も適当なものを，
　　　次の①〜⑥のうちから一つ選べ。　| 1 |

　　　　　　DNAに含まれる糖　　　　RNAに含まれる糖
　①　グルコース　　　　　　　　デオキシリボース
　②　グルコース　　　　　　　　リボース
　③　デオキシリボース　　　　　グルコース
　④　デオキシリボース　　　　　リボース
　⑤　リボース　　　　　　　　　グルコース
　⑥　リボース　　　　　　　　　デオキシリボース

問2　DNAに含まれる塩基の組合せとRNAに含まれる塩基の組合せとして最も
　　　適当なものを，次の①〜⑤のうちから一つずつ選べ。
　　　DNAに含まれる塩基　| 2 |　　RNAに含まれる塩基　| 3 |
　①　A(アデニン)，C(シトシン)，G(グアニン)，T(チミン)
　②　A，C，G，U(ウラシル)
　③　A，C，T，U
　④　A，G，T，U
　⑤　C，G，T，U

問3　下線部(a)に関連して，DNAやRNAを構成するヌクレオチド鎖では，隣り
　　　合うヌクレオチドどうしがどのように結合しているか。最も適当なものを，
　　　次の①〜⑥のうちから一つ選べ。　| 4 |
　①　一方の塩基と他方の塩基が結合している。
　②　一方の塩基と他方の糖が結合している。
　③　一方の塩基と他方のリン酸が結合している。
　④　一方の糖と他方の糖が結合している。
　⑤　一方の糖と他方のリン酸が結合している。
　⑥　一方のリン酸と他方のリン酸が結合している。

2-2 DNAの構造 ◆◆◆◆◆◆◆◆◆◆◆◆◆◆◆◆◆◆◆◆◆◆◆◆◆◆◆◆◆◆◆◆◆

　1950年, ア は様々な生物の組織からDNAを取り出して4種類の塩基の割合を比較し, イ ことを明らかにした。1953年, ウ は, ア やウィルキンスらの実験結果をもとに, DNA分子の エ 構造のモデルを発表した。

問1　文章中の ア に入る人名として最も適当なものを, 次の①〜④のうちから一つ選べ。1
　① シャルガフ　　② ミーシャー　　③ メンデル　　④ モーガン

問2　文章中の イ に入る文として最も適当なものを, 次の①〜④のうちから一つ選べ。2
　① AとCの割合が等しく, GとTの割合が等しい
　② AとGの割合が等しく, CとTの割合が等しい
　③ AとTの割合が等しく, CとGの割合が等しい
　④ A, C, G, Tの割合がすべて等しい

問3　文章中の ウ ・ エ に入る人名と語の組合せとして最も適当なものを, 次の①〜④のうちから一つ選べ。3

	ウ	エ
①	ハーシーとチェイス	二重らせん
②	ハーシーとチェイス	Y字形
③	ワトソンとクリック	二重らせん
④	ワトソンとクリック	Y字形

問4　ある生物のDNAの2本のヌクレオチド鎖のうち一方のヌクレオチド鎖の塩基配列を調べたところ, GTACGであった。このとき, 他方のヌクレオチド鎖の対応する部分の塩基配列として最も適当なものを, 次の①〜④のうちから一つ選べ。4
　① GTACG　　② TGCAT　　③ ACGTA　　④ CATGC

問5　ある生物のDNAに含まれる塩基の組成を調べたところ, Gの割合が24％であった。このDNAに含まれるAの割合(％)として最も適当なものを, 次の①〜⑤のうちから一つ選べ。5 ％
　① 13　　② 24　　③ 26　　④ 52　　⑤ 76

2−3　遺伝子とゲノム　◆◆◆◆◆◆◆◆◆◆◆◆◆◆◆◆◆◆◆◆◆◆◆◆◆◆◆◆◆◆◆

　生物の細胞には，個体の形成や生命活動を営むのに必要な遺伝情報をもつDNAが含まれている。このようなDNAまたは遺伝情報の1組をゲノムとよぶ。ゲノムに含まれる塩基対の数(ゲノムサイズ)は生物の種類によって大きく異なり，ヒトのゲノムサイズは約30億塩基対である。

　ヒトの体細胞には父方から受け継いだゲノムと母方から受け継いだゲノムの2組のゲノムが存在し，卵や精子などの配偶子には1組のゲノムが存在する。

問1　ヒトの体細胞と配偶子に含まれる遺伝情報に関する記述として最も適当なものを，次の①〜④のうちから一つ選べ。　⬜ 1 ⬜
　① 　同種の生物であれば，個体によらず，体細胞に含まれる遺伝情報は同じである。
　② 　同一個体では，体細胞に含まれる遺伝情報は同じである。
　③ 　1個の体細胞において，父方から受け継いだゲノムと母方から受け継いだゲノムの各ゲノムに含まれる遺伝情報は同じである。
　④ 　同一個体がつくる配偶子では，配偶子に含まれる遺伝情報は同じである。

問2　ヒトの遺伝子数として最も適当なものを，次の①〜④のうちから一つ選べ。　⬜ 2 ⬜
　① 　約2000　　　② 　約20000　　　③ 　約20万　　　④ 　約200万

問3　ヒトゲノムのうち，遺伝子として働く領域が占める割合はおよそ何%か。最も適当なものを，次の①〜④のうちから一つ選べ。　⬜ 3 ⬜ %
　① 　1.5　　　② 　30　　　③ 　60　　　④ 　90

2-4　DNAの抽出 ◆◆◆◆◆◆◆◆◆◆◆◆◆◆◆◆◆◆◆◆◆◆◆◆◆◆◆◆◆◆◆

　真核細胞では，核内にDNAとタンパク質が結合した染色体がみられる。生物のDNAを調べるためには細胞内からDNAを抽出する必要がある。

　魚類の精巣からDNAを抽出する場合には，トリプシン(タンパク質分解酵素)水溶液を少しずつ加えながら，精巣をよくすりつぶし，15%の　ア　を加えて混ぜた後，4～5分間湯せんする。この液が熱いうちにガーゼでろ過し，ろ液を氷水中で冷却した後に，あらかじめよく冷却した　イ　を静かに加えると，DNAが白色の繊維状の沈殿として得られる。

問1　文章中の　ア　・　イ　に入る語の組合せとして最も適当なものを，次の①～⑥のうちから一つ選べ。　1

	ア	イ		ア	イ
①	酢酸カーミン	エタノール	②	酢酸カーミン	食塩水
③	エタノール	酢酸カーミン	④	エタノール	食塩水
⑤	食塩水	酢酸カーミン	⑥	食塩水	エタノール

問2　DNAの抽出に用いる材料として**適当ではない**ものを，次の①～④のうちから一つ選べ。　2

　①　ブロッコリーの花芽　　　②　ニワトリの卵白
　③　バナナの果実　　　　　　④　ブタの肝臓

★問3　真核細胞のDNAに比べて，原核細胞のDNAがもつ特徴として最も適当なものを，次の①～④のうちから一つ選べ。　3

　①　環状である。
　②　チミンのかわりにウラシルを含む。
　③　1本鎖である。
　④　ヒストンと結合している。

2－5 エイブリーらの実験 ◆◆◆◆◆◆◆◆◆◆◆◆◆◆◆◆◆◆◆◆◆◆◆◆◆◆◆◆◆◆◆◆

　エイブリー(アベリー)らは ア を用いた実験から，遺伝子の本体がDNA
であることを示唆した。 ア にはS型とR型があり，S型菌のDNAをR型
菌に加えて培養すると，一部のR型菌がS型菌のDNAを取り込んでS型菌に変
化する。この現象を イ とよぶ。S型菌とR型菌を用いて，次の実験1～4
を行った。

実験1　S型菌を熱殺菌したものを培養した。

実験2　S型菌を熱殺菌したものを，R型菌に加えて培養した。

実験3　S型菌の抽出液をDNA分解酵素で処理したものを，R型菌に加えて培
　　　　養した。

実験4　S型菌の抽出液をタンパク質分解酵素で処理したものを，R型菌に加え
　　　　て培養した。

問1　文章中の ア ・ イ に入る語の組合せとして最も適当なものを，
　　　次の①～⑥のうちから一つ選べ。 1

	ア	イ		ア	イ
①	大腸菌	分化	②	肺炎双球菌	分化
③	大腸菌	形質転換	④	肺炎双球菌	形質転換
⑤	大腸菌	突然変異	⑥	肺炎双球菌	突然変異

問2　実験1～4の予想される結果として最も適当なものを，次の①～⑤のうち
　　　から一つずつ選べ。ただし，同じものを繰り返し選んでもよい。

　　　実験1 2 　**実験2** 3 　**実験3** 4 　**実験4** 5

①　菌の増殖は起こらない。

②　S型菌のみが増殖する。

③　R型菌のみが増殖する。

④　S型菌が多く増殖するが，R型菌もわずかに増殖する。

⑤　R型菌が多く増殖するが，S型菌もわずかに増殖する。

2−6　T₂ファージの増殖 ◆◆◆◆◆◆◆◆◆◆◆◆◆◆◆◆◆◆◆◆◆◆◆◆◆◆◆

　バクテリオファージ(ファージ)はウイルスの一種であり，細菌内で増殖する。大腸菌に感染するファージ(T_2ファージ)は，タンパク質の殻とその中に含まれるDNAからなる。T_2ファージと大腸菌を用いて，次の**実験1**・**実験2**を行った。

実験1　DNAを物質**X**で，タンパク質を物質**Y**で標識したT_2ファージをつくり，これを大腸菌の培養液に加えT_2ファージを大腸菌に感染させた。10分後に培養液を二つに分け，一方を強く攪拌し，他方はそのまま放置した。それぞれの培養液を大腸菌は沈殿するが浮遊しているファージは沈殿しない程度に遠心分離した後，沈殿と上澄みについて物質**X**と物質**Y**の量を測定した。

実験2　実験1の大腸菌を遠心分離した後も培養したところ，菌体内から多数の子ファージが出てきた。この子ファージの物質**X**と物質**Y**を調べた。

問1　実験1で，攪拌しなかった場合と攪拌した場合のそれぞれにおいて，上澄みと沈殿で検出された物質**X**と物質**Y**に関する記述として最も適当なものを，次の①〜④のうちから一つずつ選べ。

　攪拌しなかった場合　[　1　]　　攪拌した場合　[　2　]

①　物質**X**と物質**Y**は，両方とも上澄みよりも沈殿で多く検出された。

②　物質**X**と物質**Y**は，両方とも沈殿よりも上澄みで多く検出された。

③　物質**X**は上澄みよりも沈殿で多く検出されたが，物質**Y**は沈殿よりも上澄みで多く検出された。

④　物質**X**は沈殿よりも上澄みで多く検出されたが，物質**Y**は上澄みよりも沈殿で多く検出された。

問2　実験2の子ファージの物質**X**と物質**Y**に関する記述として最も適当なものを，次の①〜④のうちから一つ選べ。　[　3　]

①　物質**X**と物質**Y**の両方が検出される。

②　物質**X**と物質**Y**の両方とも検出されない。

③　物質**X**のみが検出される。

④　物質**Y**のみが検出される。

2－7　体細胞分裂 ◆◆◆◆◆◆◆◆◆◆◆◆◆◆◆◆◆◆◆◆◆◆◆◆◆◆◆◆◆◆◆◆◆◆◆◆

次の図の**ア**～**オ**は動物細胞の体細胞分裂の過程を模式的に示したものである。

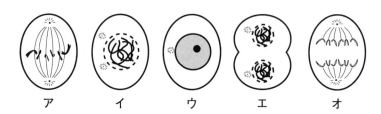

問1　**ア**では形と大きさが同じ染色体が3組みられる。この形と大きさが同じ染色体を何とよぶか。最も適当なものを，次の①～④のうちから一つ選べ。
　　　　　　 1
　　① ゲノム　　　　② 常染色体　　　　③ 相同染色体　　　　④ 動原体

問2　**ア**～**オ**のうち，中期の細胞として最も適当なものを，次の①～⑤のうちから一つ選べ。 2
　　① ア　　　　② イ　　　　③ ウ　　　　④ エ　　　　⑤ オ

問3　**ア**～**オ**を体細胞分裂が進行する順番に並べかえたものとして最も適当なものを，次の①～④のうちから一つ選べ。 3
　　① イ→ウ→ア→オ→エ　　　　② イ→ウ→オ→ア→エ
　　③ ウ→イ→ア→オ→エ　　　　④ ウ→イ→オ→ア→エ

問4　分裂直後のこの動物の細胞には2本鎖DNAが何本含まれているか。最も適当なものを，次の①～④のうちから一つ選べ。 4 本
　　① 3　　　　② 6　　　　③ 12　　　　④ 24

問5　植物細胞の体細胞分裂が動物細胞の体細胞分裂と異なる点として最も適当なものを，次の①～④のうちから一つ選べ。 5
　　① 細胞質分裂が起こらない。　　② 細胞質分裂が核分裂に先行する。
　　③ 中心体から紡錘体ができる。　　④ 細胞板が形成される。

2-8　体細胞分裂の観察　◆◆◆◆◆◆◆◆◆◆◆◆◆◆◆◆◆◆◆◆◆◆◆◆◆◆◆◆◆

次の**ア～カ**は体細胞分裂の観察の手順を示している。

ア　観察材料として，タマネギの根の先端部2cm程度を採取する。

イ　アを45％の酢酸に浸す。

ウ　60℃の2％塩酸に浸す。

エ　先端部をスライドガラスに載せ，先端部から5mm程度を残して残りを除去する。

オ　試料に酢酸オルセイン溶液を1滴滴下する。

カ　カバーガラスをかけ，ろ紙ではさんで指で押しつぶす。

問1　次の@～@の目的のために行う手順は，**ア～カ**のどれか。最も適当なものを，下の①～⑥のうちから一つずつ選べ。

　@　細胞どうしを離れやすくする。　| 1 |

　ⓑ　核や染色体を染色する。　| 2 |

　ⓒ　細胞内の構造を細胞を採取したときの状態に保つ。　| 3 |

　ⓓ　細胞を分散させて1層になるようにする。　| 4 |

　ⓔ　体細胞分裂を行っていない部分を除く。　| 5 |

　①　**ア**　　②　**イ**　　③　**ウ**　　④　**エ**　　⑤　**オ**　　⑥　**カ**

問2　**ア～カ**の手順を行った後に試料を観察したとき，最も多く観察される細胞はどれか。最も適当なものを，次の①～⑤のうちから一つ選べ。　| 6 |

　①　間期の細胞　　　②　前期の細胞　　　③　中期の細胞

　④　後期の細胞　　　⑤　終期の細胞

2－9　体細胞分裂とDNA ◆◆◆◆◆◆◆◆◆◆◆◆◆◆◆◆◆◆◆◆◆◆◆◆◆◆◆◆

次の図は，体細胞分裂の過程と細胞あたりのDNA量との関係を示したものである。

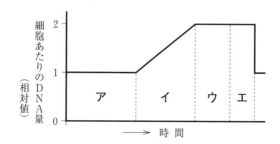

問1　図中の**ア**～**エ**の時期は何とよばれるか。最も適当なものを，次の①～④のうちから一つずつ選べ。

ア　1 　イ　2 　ウ　3 　エ　4

①　G_1期　　　　②　G_2期　　　　③　S期　　　　④　M期

問2　図中の**ア**～**エ**のうち，間期はどれか。それらを過不足なく含むものを，次の①～⑧のうちから一つ選べ。　5

①　アのみ　　　②　イのみ　　　③　ウのみ　　　④　アとイ

⑤　イとウ　　　⑥　ウとエ　　　⑦　アとイとウ　　　⑧　イとウとエ

問3　1個の母細胞から体細胞分裂によって2個の娘細胞が生じるとき，それぞれの細胞がもつDNAの遺伝情報に関する記述として最も適当なものを，次の①～④のうちから一つ選べ。　6

①　母細胞がもつDNAの遺伝情報，2個の娘細胞がもつDNAの遺伝情報はすべて互いに異なる。

②　母細胞がもつDNAの遺伝情報，2個の娘細胞がもつDNAの遺伝情報はすべて同じである。

③　母細胞がもつDNAの遺伝情報と2個の娘細胞の一方がもつDNAの遺伝情報は同じであるが，2個の娘細胞がもつDNAの遺伝情報は異なる。

④　母細胞がもつDNAの遺伝情報と娘細胞がもつDNAの遺伝情報は異なるが，2個の娘細胞がもつDNAの遺伝情報は同じである。

2−10　細胞周期 ◆◇◆◇◆◇◆◇◆◇◆◇◆◇◆◇◆◇◆◇◆◇◆◇◆◇◆◇◆◇◆

　体細胞分裂が終了してから次の分裂が終了するまでの過程を細胞周期という。ある培養細胞を適当な培地で25℃で培養し，細胞数の変化を調べたところ，次の図1の結果が得られた。また，この培養細胞を培養開始30時間後に培地から1200個抽出し，各細胞の細胞あたりのDNA量を調べた。細胞あたりのDNA量とそのDNA量を示した細胞数の関係は次の図2のようになった。

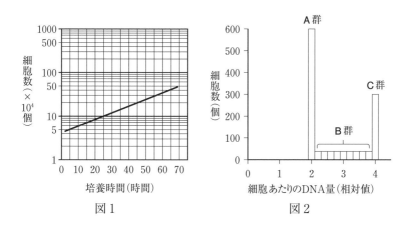

図1　　　　　　　　　　　　　　　　図2

問1　図1から推定される，この培養細胞の細胞周期として最も適当なものを，次の①〜④のうちから一つ選べ。　| 1 |　時間
　　①　10　　　　　　②　20　　　　　　③　30　　　　　④　40

問2　図2中のA群〜C群には細胞周期のどの時期にある細胞が含まれるか。それらを過不足なく含むものを，次の①〜⑦のうちから一つずつ選べ。
　　A群 | 2 |　　B群 | 3 |　　C群 | 4 |
　　①　G₁期　　　　　②　G₂期　　　　　③　S期　　　　　④　M期（分裂期）
　　⑤　G₁期とG₂期　　　⑥　G₁期とS期　　　⑦　G₂期とM期

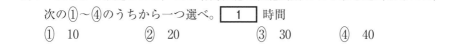

問3　図1と図2の結果から推定される，この培養細胞のG₁期に要する時間として最も適当なものを，次の①〜④のうちから一つ選べ。　| 5 |　時間
　　①　5　　　　　　②　10　　　　　③　20　　　　　④　30

2-11 遺伝情報の流れ ◆◆◆◆◆◆◆◆◆◆◆◆◆◆◆◆◆◆◆◆◆◆◆◆◆◆◆◆

次の図は，DNAの遺伝情報の流れを表したものである。図中の矢印は，その物質を合成することで遺伝情報が伝わる過程を示している。

$$\text{ア} \circlearrowleft \text{DNA} \xrightarrow{\text{イ}} \text{RNA} \xrightarrow{\text{ウ}} \text{タンパク質}$$

アの過程を [1]，イの過程を [2]，ウの過程を [3] とよぶ。また，遺伝情報がDNA→RNA→タンパク質の一方向に伝わることを [4] とよぶ。

問1 文章中の [1] ～ [4] に入る語として最も適当なものを，次の①～⑧のうちから一つずつ選べ。

① 分化　　② 転写　　③ 複製　　④ 組換え　　⑤ 翻訳
⑥ フィードバック　　⑦ セントラルドグマ　　⑧ ホメオスタシス

問2 図中の**ア**と**イ**の過程に関する記述として最も適当なものを，次の①～④のうちから一つ選べ。[5]

① **ア**ではDNAの一部の塩基配列が写し取られるが，**イ**ではすべてが写し取られる。
② **ア**ではDNAのすべての塩基配列が写し取られるが，**イ**では一部が写し取られる。
③ **ア**でも，**イ**でも，DNAの一部の塩基配列が写し取られる。
④ **ア**でも，**イ**でも，DNAのすべての塩基配列が写し取られる。

問3 図中の**イ**と**ウ**の過程に関する次の文章中の [6] ～ [11] に入る語として最も適当なものを，下の①～⑥のうちから一つずつ選べ。

イの過程で生じた [6] の連続する3塩基の配列が1個のアミノ酸を指定する。この3塩基の配列を [7] とよぶ。[7] と相補的な3塩基の配列である [8] をもつ [9] が，[7] が指定するアミノ酸を運び，運ばれたアミノ酸どうしが順に結合していく。**ウ**の過程は，AUGの [10] から始まり，UAA，UAG，UGAの [11] が現れるまで継続する。

① mRNA(伝令RNA)　　② tRNA(転移RNA)　　③ アンチコドン
④ コドン　　　　　　⑤ 開始コドン　　　　　⑥ 終止コドン

2-12　DNAの複製　◆◆◆◆◆◆◆◆◆◆◆◆◆◆◆◆◆◆◆◆◆◆◆◆◆◆◆◆◆◆◆◆

　DNAの複製が開始される際には，DNAの特定の部位から2本のヌクレオチド鎖がほどけて1本鎖になる。次に，ほどけて生じた1本鎖のそれぞれが鋳型となり，鋳型鎖と　ア　塩基配列をもつ新しい1本鎖が合成され，もとのヌクレオチド鎖と新しく合成されたヌクレオチド鎖からなるDNAが2分子生じる。この複製様式を　イ　とよぶ。次の図は，DNAが複製されている領域の一部を模式的に示したものであり，○が塩基を示し，そのうちの1個はA（アデニン）であることが示されている。また，太線は，リン酸とデオキシリボースからなる部分を示す。

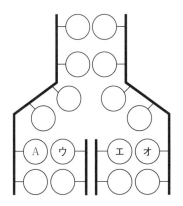

問1　文章中の　ア　・　イ　に入る語句の組合せとして最も適当なものを，次の①～④のうちから一つずつ選べ。　1
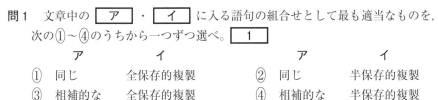

	ア	イ		ア	イ
①	同じ	全保存的複製	②	同じ	半保存的複製
③	相補的な	全保存的複製	④	相補的な	半保存的複製

問2　図中の**ウ～オ**にあてはまる塩基の記号として最も適当なものを，次の①～⑤のうちから一つずつ選べ。ただし，同じものを繰り返し選んでもよい。
ウ　2　エ　3　オ　4
①　A　　　②　C　　　③　G　　　④　T　　　⑤　U

問3　図のDNAでは，複製は図のどちら側から開始されているか。最も適当なものを，次の①～④のうちから一つ選べ。　5
①　図の上側　　　②　図の下側　　　③　図の左側　　　④　図の右側

2-13 転写・翻訳 1 ◆◆◆◆◆◆◆◆◆◆◆◆◆◆◆◆◆◆◆◆◆◆◆◆◆◆◆◆◆◆

DNAの遺伝情報はmRNAに写し取られ，さらにmRNAに写し取られた遺伝情報に基づいてタンパク質が合成される。次の塩基配列は，DNAの2本鎖のうち，mRNAに写し取られる鎖の塩基配列の一部を示したものである。

TACAAGGGGAACGATTAGCATCGA

★**問1** 真核細胞でmRNAが合成される場所とタンパク質が合成される場所の組合せとして最も適当なものを，次の①〜④のうちから一つ選べ。 ☐1☐

	mRNA	タンパク質		mRNA	タンパク質
①	核	核	②	核	細胞質
③	細胞質	細胞質	④	細胞質	核

問2 上の塩基配列を写し取って合成されるmRNAの塩基配列のうち，左から6番目までの塩基配列として最も適当なものを，次の①〜⑥のうちから一つ選べ。 ☐2☐

① UAGAAC ② UTGTTC ③ UACAAG
④ TACAAG ⑤ ATGTTC ⑥ AUGUUC

問3 上の塩基配列を写し取って合成されるmRNAは最大で何個のアミノ酸を指定できるか。最も適当なものを，次の①〜⑦のうちから一つ選べ。
☐3☐ 個

① 6 ② 8 ③ 12 ④ 16
⑤ 24 ⑥ 72 ⑦ 96

2 −14　転写・翻訳 2　◆◆◆◆◆◆◆◆◆◆◆◆◆◆◆◆◆◆◆◆◆◆◆◆◆◆◆◆◆◆◆◆

　次の塩基配列は，120 個のアミノ酸からなるタンパク質の遺伝子として働いているDNAの 2 本のヌクレオチド鎖の塩基配列の一部を示したものである。この部分の遺伝情報が転写・翻訳されて合成されるタンパク質には，mRNAのCAUの配列が指定するアミノ酸が含まれている。

‥‥CTAGGAGTAGCGCTTAGCACGCAC‥‥

‥‥GATCCTCATCGCGAATCGTGCGTG‥‥

問 1　このDNAはどのように転写されるか。最も適当なものを，次の①〜④のうちから一つ選べ。　| 1 |
①　上側のヌクレオチド鎖が，左側から右側に転写される。
②　上側のヌクレオチド鎖が，右側から左側に転写される。
③　下側のヌクレオチド鎖が，左側から右側に転写される。
④　下側のヌクレオチド鎖が，右側から左側に転写される。

問 2　このDNAの塩基配列を転写して合成されるmRNAについて，左端の塩基に対応する塩基を含めて連続する 5 個の塩基配列を示したものとして最も適当なものを，次の①〜④のうちから一つ選べ。　| 2 |
①　CTAGG　　②　GATCC　　③　CUAGG　　④　GAUCC

問 3　120 個のアミノ酸を指定するmRNAは何個の塩基をもつか。最も適当なものを，次の①〜⑤のうちから一つ選べ。　| 3 |　個
①　30　　　　②　40　　　　③　120　　　　④　360　　　　⑤　480

問4 次の表はmRNAの連続する3個の塩基配列とそれが指定するアミノ酸の関係を示したものである。前ページのDNAの塩基配列を転写して合成されたmRNAが翻訳された場合，CAUが指定するアミノ酸とその両隣のアミノ酸を，アミノ酸が結合する順に左から右へ示した組合せとして最も適当なものを，下の①〜④のうちから一つ選べ。 ⎣ 4 ⎦

UUU	フェニル	UCU		UAU	チロシン	UGU	システイン
UUC	アラニン	UCC	セリン	UAC	チロシン	UGC	システイン
UUA	ロイシン	UCA	セリン	UAA	終止	UGA	終止
UUG	ロイシン	UCG		UAG	終止	UGG	トリプトファン
CUU		CCU		CAU	ヒスチジン	CGU	
CUC	ロイシン	CCC	プロリン	CAC	ヒスチジン	CGC	アルギニン
CUA	ロイシン	CCA	プロリン	CAA	グルタミン	CGA	アルギニン
CUG		CCG		CAG	グルタミン	CGG	
AUU		ACU		AAU	アスパラギン	AGU	セリン
AUC	イソロイシン	ACC	トレオニン	AAC	アスパラギン	AGC	セリン
AUA	イソロイシン	ACA	トレオニン	AAA	リシン	AGA	アルギニン
AUG	メチオニン	ACG		AAG	リシン	AGG	アルギニン
GUU		GCU		GAU	アスパラギン酸	GGU	
GUC	バリン	GCC	アラニン	GAC	アスパラギン酸	GGC	グリシン
GUA	バリン	GCA	アラニン	GAA	グルタミン酸	GGA	グリシン
GUG		GCG		GAG	グルタミン酸	GGG	

① プロリン−バリン−アルギニン
② アルギニン−バリン−プロリン
③ プロリン−ヒスチジン−アルギニン
④ アルギニン−ヒスチジン−プロリン

2−15　タンパク質 ◆◆◆◆◆◆◆◆◆◆◆◆◆◆◆◆◆◆◆◆◆◆◆◆◆◆◆◆◆◆◆◆◆◆

タンパク質は 1 種類の 2 が様々な順序で結合してできた物質である。生物の体内には多様なタンパク質が存在する。

問 1　文章中の 1 ・ 2 に入る数値・語として最も適当なものを，次の①〜⑦のうちから一つずつ選べ。

① 3　　　　　　② 16　　　　　③ 20　　　　　④ 64
⑤ 塩基　　　　⑥ アミノ酸　　⑦ ヌクレオチド

問 2　次の@〜©にあてはまるタンパク質として最も適当なものを，下の①〜⑤のうちから一つずつ選べ。
@　筋肉の運動に関係するタンパク質 3
ⓑ　酵素として働くタンパク質 4
©　皮膚や軟骨に含まれ生物の構造を支えるタンパク質 5
① コラーゲン　　　② アクチン　　　③ クリスタリン
④ フィブリン　　　⑤ カタラーゼ

★問 3　タンパク質に関する記述として**誤っているもの**を，次の①〜⑥のうちから一つ選べ。 6
①　生体内のタンパク質はすべて遺伝情報に基づいて合成される。
②　タンパク質を構成する単位となる物質は，アミノ基とカルボキシ基をもつ。
③　タンパク質を構成する単位となる物質どうしの結合をペプチド結合とよぶ。
④　ポリペプチド鎖の部分的な立体構造にはジグザグ構造と二重らせん構造がある。
⑤　ポリペプチド鎖の全体的な立体構造を三次構造とよぶ。
⑥　タンパク質の中には，複数のポリペプチド鎖が組み合わさってできているものがある。

2−16　発生とタンパク質 ◆◆◆◆◆◆◆◆◆◆◆◆◆◆◆◆◆◆◆◆◆◆◆◆◆◆◆◆◆

　受精卵から個体が発生する過程では，細胞分裂が繰り返され，生じた細胞が特定の形態や機能をもつように　1　し，多様な細胞が生じる。このように細胞が特定の形態や機能をもつのは，それぞれの細胞で　2　遺伝子が発現し，細胞に特異的なタンパク質が合成されるためである。

問1　文章中の　1　・　2　に入る語として最も適当なものを，次の①〜⑧のうちから一つずつ選べ。

① すべての　　　② 異なる　　　③ 同じ　　　④ 突然変異
⑤ 形質転換　　　⑥ 異化　　　⑦ 同化　　　⑧ 分化

問2　特定の機能をもつようになった細胞と，その細胞で特異的に合成されるタンパク質の組合せとして最も適当なものを，次の①〜④のうちから一つ選べ。
　3

	細胞	タンパク質
①	ランゲルハンス島A細胞	インスリン
②	リンパ球	ケラチン
③	赤血球	ヘモグロビン
④	筋肉細胞	アミラーゼ

2−17　核移植 ◆◆◆◆◆◆◆◆◆◆◆◆◆◆◆◆◆◆◆◆◆◆◆◆◆◆◆◆◆◆◆◆◆◆◆

　次の**実験1**・**実験2**は，発生が進行する過程で核の遺伝情報が変化するかどうかを調べたものである。

実験1　野生型(色素をもつ)のアフリカツメガエルの(a)未受精卵に紫外線を照射した。その卵に，白色系統の幼生の小腸上皮細胞の核を移植した。

実験2　ヒツジの品種**A**，品種**B**，品種**C**は互いに異なる形質をもつ。品種**A**から得た未受精卵の核を除き，代わりに品種**B**の乳腺細胞の核を移植した。この卵を品種**C**の子宮に移して発生させたところ，ヒツジが誕生した。

★問1　下線部(a)の目的として最も適当なものを，次の①〜④のうちから一つ選べ。
　　　　　1
　　① 細胞分裂を開始させる。　　　② 受精と同じ刺激を与える。
　　③ 核を不活性化する。　　　　　④ 核を活性化する。

★問2　**実験1**の結果として最も適当なものを，次の①〜④のうちから一つ選べ。
　　　　　2
　　① 核を移植した未受精卵から生じた個体は，すべて野生型であった。
　　② 核を移植した未受精卵から生じた個体は，すべて白色であった。
　　③ 核を移植した未受精卵から生じた個体には，野生型と白色の両方があった。
　　④ 核を移植した未受精卵では，発生は正常に進行することはなかった。

★問3　**実験2**で誕生したヒツジがもつ形質として最も適当なものを，次の①〜⑤のうちから一つ選べ。　3
　　① 品種**A**の形質　　　② 品種**B**の形質　　　③ 品種**C**の形質
　　④ 品種**A**と品種**B**の形質　　　⑤ 品種**A**と品種**B**と品種**C**の形質

★問4　**実験1**・**実験2**の結果から推察できることとして**誤っているもの**を，次の①〜④のうちから一つ選べ。　4
　　① 核の働きは細胞質の影響を受ける。
　　② 細胞によって異なる遺伝子が発現して分化が起こる。
　　③ 分化した細胞にも個体の発生に必要なすべての遺伝子が備わっている。
　　④ 細胞が分化する過程で，遺伝子の一部が失われていく。

2−18　だ腺染色体の観察 ◆◆◆◆◆◆◆◆◆◆◆◆◆◆◆◆◆◆◆◆◆◆◆◆◆◆◆◆◆

　ショウジョウバエや　1　の幼虫のだ腺の細胞では，通常の染色体の100〜150倍の大きさの巨大な染色体(だ腺染色体)が観察される。ショウジョウバエの幼虫の腹部をピンセットで押さえ，頭部を柄付き針で引き出すと，だ腺を取り出すことができる。だ腺の細胞を　2　液で染色して観察すると，染色体中に　3　色に染色される部分と　4　色に染色される膨らんだ部分が観察される。この膨らんだ部分は　5　とよばれ，この部分では盛んに　6　が合成されている。

問1　文章中の　1　〜　6　に入る語として最も適当なものを，次の①〜ⓐのうちから一つずつ選べ。
①　DNA　　　　②　RNA　　　　③　タンパク質　　　④　赤桃
⑤　青緑　　　　⑥　パフ　　　　⑦　ギャップ　　　　⑧　酢酸カーミン
⑨　メチルグリーン・ピロニン　⓪　カイコ　　　　ⓐ　ユスリカ

★問2　次の図は，ショウジョウバエの幼虫のだ腺染色体の一部を幼虫から蛹になる時期にかけて観察し，その染色体像を模式的に示したものである。この図から推察できることとして**誤っているもの**を，下の①〜④のうちから一つ選べ。　7

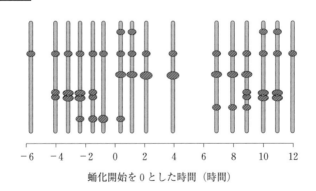

蛹化開始を0とした時間（時間）

①　発生の進行に伴って発現する遺伝子は変化する。
②　観察した期間において，常に発現している遺伝子と一部の時期にのみ発現する遺伝子がある。
③　すべての遺伝子が同じように発現している。
④　同時に複数の遺伝子が発現している。

2−19　遺伝学史　◆◆◆◆◆◆◆◆◆◆◆◆◆◆◆◆◆◆◆◆◆◆◆◆◆◆◆

問1　次の**ア**〜**ケ**に示した研究を行った人物として最も適当なものを，下の①〜⑨のうちから一つずつ選べ。

ア　エンドウを用いた交配実験から遺伝の法則性を発見し，概念として遺伝子の存在を示した。　 1

イ　ヒトの傷口の膿からDNAを発見した。　 2

ウ　ショウジョウバエを用いた遺伝の研究から，遺伝子が染色体上にあることを示した。　 3

エ　肺炎双球菌を用いた研究から，形質転換が起こることを発見した。　 4

オ　形質転換を起こす原因物質がDNAであることを示唆した。　 5

カ　大腸菌とバクテリオファージを用いた実験により，遺伝子の本体がDNAであることを示した。　 6

キ　様々な生物のDNAについて，アデニンとチミン，グアニンとシトシンの数の比がそれぞれ等しいことを示した。　 7

ク　DNAがらせん構造をもつことを示すX線写真の撮影に成功した。　 8

ケ　DNAの二重らせんモデルを提唱した。　 9

①　エイブリー　　　②　グリフィス　　　③　シャルガフ
④　ミーシャー　　　⑤　メンデル　　　　⑥　モーガン
⑦　ウィルキンスとフランクリン　　　⑧　ハーシーとチェイス
⑨　ワトソンとクリック

第3章
ヒトの体の調節

3－1 ヒトの体液 ◆◆◆◆◆◆◆◆◆◆◆◆◆◆◆◆◆◆◆◆◆◆◆◆◆◆◆◆◆◆◆◆◆

　多細胞生物の細胞の多くは，直接体外環境とは接しておらず，　1　に囲まれている。細胞にとって　1　は　2　とよばれ，体外環境が変化しても，　2　をほぼ一定に保つ性質を，　3　とよぶ。ヒトの　1　は，血液，リンパ液，組織液に分けられる。

問1　文章中の　1　～　3　に入る語として最も適当なものを，次の①～⑥のうちから一つずつ選べ。
① 体液　　② 空気　　③ 体内環境　　④ 微小環境
⑤ 均一性　　⑥ 恒常性(ホメオスタシス)

問2　ヒトの体液に関する記述として**誤っているもの**を，次の①～⑤のうちから二つ選べ。ただし，解答の順序は問わない。　4　5
① 血液は血管の中を流れる体液である。
② 血液とリンパ液は，互いに混ざり合うことはない。
③ リンパ液中にはリンパ球が含まれている。
④ リンパ液の一部がしみ出し，組織の細胞の周囲を満たしたものが組織液である。
⑤ 組織液は細胞から老廃物を受け取り，細胞に酸素や養分を直接与える。

問3　次のア～ケの特徴をもつヒトの血液成分として最も適当なものを，下の①～④のうちから一つずつ選べ。ただし，同じものを繰り返し選んでもよい。
ア　酸素を運搬する。　6
イ　老廃物を運搬する。　7
ウ　核をもつ。　8
エ　血球中で最も数が多い。　9
オ　血球中で最も小さい。　10
カ　ヘモグロビンを含む。　11
キ　血液凝固に関係する因子を放出する。　12
ク　食作用を行う。　13
ケ　中央がくぼんだ円盤状をしている。　14
① 赤血球　　② 血小板　　③ 白血球　　④ 血しょう

3−2　血液凝固 ◆◆◆◆◆◆◆◆◆◆◆◆◆◆◆◆◆◆◆◆◆◆◆◆◆◆◆◆◆◆◆◆

次のア〜エは，外傷などにより血管が損傷した際にみられる現象を示している。

ア　繊維状のタンパク質が生じる。
イ　血管の損傷部位に血ぺいが形成される。
ウ　ある有形成分が血管の損傷部位に集まってくる。
エ　血管が修復されて血ぺいが溶ける。

問1　ア〜エの現象が起こる順に並べかえたものとして最も適当なものを，次の①〜⑥のうちから一つ選べ。　| 1 |
　①　ア→イ→ウ→エ　　　②　ア→ウ→イ→エ　　　③　イ→ア→ウ→エ
　④　イ→ウ→ア→エ　　　⑤　ウ→ア→イ→エ　　　⑥　ウ→イ→ア→エ

問2　アの繊維状のタンパク質の名称として最も適当なものを，次の①〜④のうちから一つ選べ。　| 2 |
　①　アドレナリン　　　　②　インスリン
　③　ヘモグロビン　　　　④　フィブリン

問3　イの血ぺいに関する記述として**誤っているもの**を，次の①〜④のうちから一つ選べ。　| 3 |
　①　繊維状のタンパク質が血球と絡み合って血ぺいができる。
　②　試験管内に血液を入れて放置すると，血液は血ぺいと血清に分かれる。
　③　試験管内で血液凝固が起こると，試験管の底に血ぺいができる。
　④　血ぺいが傷口に付着すると，炎症反応が起こる。

問4　ウの有形成分として最も適当なものを，次の①〜④のうちから一つ選べ。　| 4 |
　①　赤血球　　　②　白血球　　　③　リンパ球　　　④　血小板

問5　エの現象を何とよぶか。最も適当なものを，次の①〜④のうちから一つ選べ。　| 5 |
　①　血清　　　②　溶血　　　③　線溶　　　④　解離

3−3　心　臓 ◆◆◆◆◆◆◆◆◆◆◆◆◆◆◆◆◆◆◆◆◆◆◆◆◆◆◆◆◆◆◆◆◆◆◆

次の図は，ヒトの心臓を模式的に示したものである。

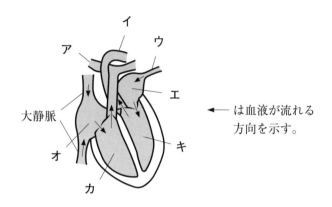

← は血液が流れる
方向を示す。

問1　図中の**ア〜キ**の名称として最も適当なものを，次の①〜⑦のうちから一つ
ずつ選べ。

ア　[　1　]　イ　[　2　]　ウ　[　3　]　エ　[　4　]　オ　[　5　]　カ　[　6　]
キ　[　7　]

①　左心室　　　②　左心房　　　③　右心室　　　④　右心房
⑤　大動脈　　　⑥　肺動脈　　　⑦　肺静脈

問2　哺乳類の心臓に関する記述として**誤っているもの**を，次の①〜④のうちか
ら一つ選べ。[　8　]
①　心房が収縮している間は，心室の収縮は起こらない。
②　右心房には，自動的に興奮を繰り返す特殊な細胞がある。
③　右心室と左心室を比べると，右心室を構成する筋肉の方が厚い。
④　心臓を取り出して生理食塩水に浸して置くと，しばらくの間は拍動を続
ける。

問3　魚類，両生類，鳥類の心臓の構造として最も適当なものを，次の①〜④の
うちから一つずつ選べ。ただし，同じものを繰り返し選んでもよい。

魚類　[　9　]　　両生類　[　10　]　　鳥類　[　11　]

①　1心房1心室　　　　　　②　2心房1心室
③　1心房2心室　　　　　　④　2心房2心室

3-4　循環器系　◆◆◆◆◆◆◆◆◆◆◆◆◆◆◆◆◆◆◆◆◆◆◆◆◆◆◆◆

　次の図は，ヒトの主な器官とそれらに接続する血管(**ア～ケ**)を模式的に示したものである。図中のA～Dは心臓の四つの部屋を表し，矢印は血液が流れる方向を示している

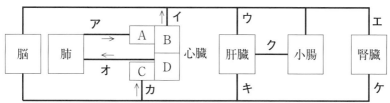

問1　図中のA～Dの名称として最も適当なものを，次の①～④のうちから一つずつ選べ。A [1]　B [2]　C [3]　D [4]
　① 右心房　　　② 右心室　　　③ 左心房　　　④ 左心室

問2　図中の**ク**の血管の名称として最も適当なものを，次の①～④のうちから一つ選べ。[5]
　① 肝動脈　　　② 肝静脈　　　③ 肝門脈　　　④ 小腸静脈

問3　図中の**ア～ケ**の血管のうち，次の@～@にあてはまる血管として最も適当なものを，下の①～⑨のうちから一つずつ選べ。
　@　動脈血が流れる静脈　[6]
　ⓑ　静脈血が流れる動脈　[7]
　ⓒ　尿素の濃度が最も低い血液が流れる血管　[8]
　ⓓ　食事後栄養分を多く含む血液が流れる血管　[9]
　① ア　　　② イ　　　③ ウ　　　④ エ　　　⑤ オ　　　⑥ カ
　⑦ キ　　　⑧ ク　　　⑨ ケ

問4　ヒトの血管系のように，動脈と静脈が毛細血管でつながった血管系の名称と，ヒトと同じ血管系をもつ生物の組合せとして最も適当なものを，次の①～④のうちから一つ選べ。[10]

	血管系	生物		血管系	生物
①	開放血管系	アサリ	②	開放血管系	ミミズ
③	閉鎖血管系	アサリ	④	閉鎖血管系	ミミズ

3－5　酸素解離曲線　◆◆◆◆◆◆◆◆◆◆◆◆◆◆◆◆◆◆◆◆◆◆◆◆◆◆◆◆◆◆◆◆

　脊椎動物では，　| 1 |　に含まれるヘモグロビンが酸素の運搬に働く。ヘモグ
ロビンは酸素と結合すると，　| 2 |　色から　| 3 |　色に変化する。酸素と結合
したヘモグロビン（酸素ヘモグロビン）の割合は，周囲の酸素濃度（酸素分圧）が高
くなると　| 4 |　し，周囲の二酸化炭素濃度（二酸化炭素分圧）が高くなると
| 5 |　する。次の図は，ある動物において，ヘモグロビンと酸素との結合が酸
素分圧と二酸化炭素分圧によってどのように変化するかを示したものである。

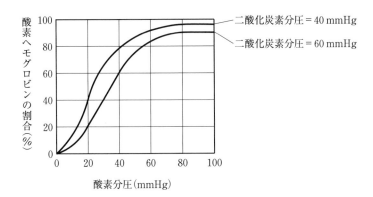

問1　文章中の　| 1 |　～　| 5 |　に入る語として最も適当なものを，次の①～
　⑦のうちから一つずつ選べ。
　① 赤血球　　　　② 血しょう　　　　③ 鮮紅　　　　④ 青紫
　⑤ 暗赤　　　　　⑥ 増加　　　　　　⑦ 減少

問2　この動物の肺では，酸素分圧が 100 mmHg，二酸化炭素分圧が 40 mmHg
　であり，組織では，酸素分圧が 40 mmHg，二酸化炭素分圧が 60 mmHg であっ
　た。肺と組織では，それぞれヘモグロビン全体の何％が酸素と結合している
　か。最も適当なものを，次の①～④のうちから一つずつ選べ。
　肺　| 6 |　％　　組織　| 7 |　％
　① 60　　　　　② 80　　　　　　③ 90　　　　　④ 95

問3　問2の場合，ヘモグロビンと結合した酸素の何％が組織で解離したか。最
　も適当なものを，次の①～④のうちから一つ選べ。　| 8 |　％
　① 15　　　　　② 30　　　　　　③ 35　　　　　④ 37

問4 この動物では，100 mLの血液に含まれるヘモグロビンは最大で20 mLの酸素と結合する。**問2**の条件の場合，100 mLの血液が組織に渡した酸素は何mLか。最も適当なものを，次の①～④のうちから一つ選べ。　9　mL

① 3.0　　　　② 6.0　　　　③ 7.0　　　　④ 7.4

3−6　肝臓の構造と機能 ◆◆◆◆◆◆◆◆◆◆◆◆◆◆◆◆◆◆◆◆◆◆◆◆

　肝臓は重量が1〜2kgもある最大の臓器であり，肝動脈や肝静脈の他に
  1 とよばれる血管もつながっている。また，肝臓には 2 を十二指腸
に分泌する 3 もつながっている。肝臓は1mm程度の大きさの 4 が
多数集まってできており，1個の 4 には約50万個の肝細胞が含まれる。
肝細胞の間には毛細血管があり，血液は 4 の中心にある 5 に集まる。
さらに，肝細胞の周囲には 2 が通る 6 がある。

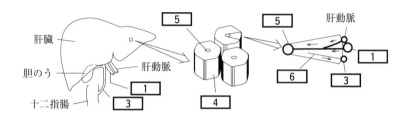

問1　文章中と図中の 1 〜 6 に入る語として最も適当なものを，次
　　の①〜⑧のうちから一つずつ選べ。
　　① 胆管　　　② 肝門脈　　　③ 集合管　　　④ 胆細管
　　⑤ 肝小葉　　⑥ 胆汁　　　　⑦ ネフロン　　⑧ 中心静脈

問2　肝臓では様々な化学反応が行われる。肝臓で行われる反応として**誤ってい
　　るもの**を，次の①〜④のうちから一つ選べ。 7
　　① アルコールを分解する反応
　　② グルコースを二酸化炭素と水に分解する反応
　　③ アンモニアから尿素を合成する反応
　　④ 二酸化炭素からグリコーゲンを合成する反応

問3　肝臓の機能として**誤っているもの**を，次の①〜⑥のうちから一つ選べ。
　　 8
　　① ビリルビンの生成　　　　　② 尿の生成
　　③ 血糖濃度の調節　　　　　　④ 血しょうタンパク質の合成
　　⑤ 解毒作用　　　　　　　　　⑥ 体温維持のための発熱

3－7　腎臓の構造と機能 ◆◆◆◆◆◆◆◆◆◆◆◆◆◆◆◆◆◆◆◆◆◆◆◆

　次の図は，ヒトのネフロン(腎単位)を模式的に示したものである。健康なヒトにイヌリン(ろ過されるが再吸収されない物質)を注射し，一定時間後に血しょう，原尿，尿における物質a～c，およびイヌリンの濃度を測定したところ，次の表に示す結果が得られた。

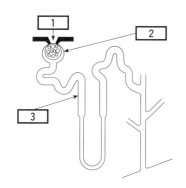

	濃度（mg/mL）		
	血しょう	原尿	尿
物質a	1.0	1.0	0
物質b	80	0	0
物質c	0.3	0.3	20
イヌリン	0.01	0.01	1.2

問1　図中の　1　～　3　の名称として最も適当なものを，次の①～⑧のうちから一つずつ選べ。
①　半規管　　　②　集合管　　　③　細尿管(腎細管)　　④　輸尿管
⑤　毛様体　　　⑥　糸球体　　　⑦　腎う　　　　　　　⑧　ボーマンのう

問2　物質aと物質bにあてはまる物質として最も適当なものを，次の①～⑤のうちから一つずつ選べ。物質a　4　　物質b　5
①　尿素　　　　　　②　タンパク質　　　③　ナトリウムイオン
④　グルコース　　　⑤　クレアチニン

問3　1時間あたりの尿量が62.5 mLである場合，イヌリンの濃度から算出される1時間あたりの原尿量として最も適当なものを，次の①～⑤のうちから一つ選べ。　6　mL
①　3000　　　②　6000　　　③　7500　　　④　10000　　　⑤　12000

問4　水と物質cの再吸収率として最も適当なものを，次の①～⑥のうちから一つずつ選べ。水　7　％　　物質c　8　％
①　14　　　②　21　　　③　33　　　④　44　　　⑤　67　　　⑥　99

3−8　ヒトの神経系 ◆◆◆◆◆◆◆◆◆◆◆◆◆◆◆◆◆◆◆◆◆◆◆◆◆◆◆◆◆◆

　ヒトの神経系は，脳と脊髄からなる　1　神経系と，　1　神経系と，から
だの各部をつなぐ　2　神経系に大別される。さらに，　2　神経系は，感
覚神経と運動神経からなる　3　神経系と，交感神経と副交感神経からなる
　4　神経系に分けられる。図はヒトの脳と脊髄の正中断面（右と左を分ける
断面）であり，ア〜オは脳の各部を示したものである。

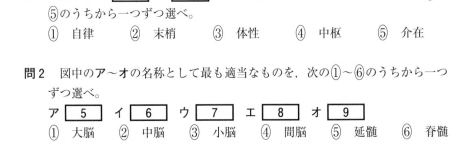

問1　文章中の　1　〜　4　に入る語として最も適当なものを，次の①〜
　　⑤のうちから一つずつ選べ。
　　①　自律　　　②　末梢　　　③　体性　　　④　中枢　　　⑤　介在

問2　図中のア〜オの名称として最も適当なものを，次の①〜⑥のうちから一つ
　　ずつ選べ。
　　ア　5　　イ　6　　ウ　7　　エ　8　　オ　9
　　①　大脳　　②　中脳　　③　小脳　　④　間脳　　⑤　延髄　　⑥　脊髄

★問3　図中のア〜オの働きとして最も適当なものを，次の①〜⑤のうちから一つ
　　ずつ選べ。
　　ア　10　　イ　11　　ウ　12　　エ　13　　オ　14
　　①　恒常性の維持に働く　　　　　　②　からだの平衡を保つ
　　③　眼球運動，瞳孔反射　　　　　　④　感覚，記憶などを行う
　　⑤　呼吸運動，心臓の拍動調節

3－9　脳　死 ◆◆◆◆◆◆◆◆◆◆◆◆◆◆◆◆◆◆◆◆◆◆◆◆◆◆◆◆◆◆◆◆◆◆◆◆◆

　ヒトの脳には，呼吸や心臓の拍動など生命を維持するために重要な働きを調節する機能が集まっている領域があり，(a)脳幹とよばれる。死の定義には「呼吸の不可逆的停止」，「心臓の不可逆的停止」，「(b)瞳孔拡散」の三つをもって死とする考えと，脳が大きな損傷を受け回復できない(c)脳死をもって死とする考えがある。また，脳死の他に(d)植物状態と判定される場合もある。

問1　下線部(a)に関して，脳幹に含まれる部位の組合せとして最も適当なものを，次の①～⓪のうちから一つ選べ。　1

① 間脳，中脳，小脳　　　② 間脳，中脳，延髄
③ 間脳，中脳，脊髄　　　④ 間脳，小脳，延髄
⑤ 間脳，小脳，脊髄　　　⑥ 間脳，延髄，脊髄
⑦ 中脳，小脳，延髄　　　⑧ 中脳，小脳，脊髄
⑨ 中脳，延髄，脊髄　　　⓪ 小脳，延髄，脊髄

問2　下線部(b)に関して，瞳孔の大きさを調節する中枢として最も適当なものを，次の①～⑥のうちから一つ選べ。　2

① 大脳　　② 間脳　　③ 中脳　　④ 小脳
⑤ 延髄　　⑥ 脊髄

問3　下線部(c)と(d)に関する記述として最も適当なものを，次の①～④のうちからそれぞれ一つずつ選べ。　脳死　3　植物状態　4

① 大脳の機能は停止しているが，脳幹の機能は残っており，呼吸や心臓の拍動を自力で維持できる。
② 脳幹の機能は残っているが，大脳の機能は停止しており，呼吸や心臓の拍動を自力で維持できない。
③ 脳全体の機能は停止しているが，呼吸や心臓の拍動を自力で維持できる。
④ 脳全体の機能が停止しており，呼吸や心臓の拍動を自力で維持できない。

3-10 自律神経系 ◆◆◆◆◆◆◆◆◆◆◆◆◆◆◆◆◆◆◆◆◆◆◆◆◆◆◆

自律神経系は,交感神経と副交感神経からなる。交感神経と副交感神経は,様々な器官に分布し,拮抗的に作用して体内環境を調節している。例えば,交感神経が興奮すると,胃の運動は ［ 1 ］ され,心臓の拍動は ［ 2 ］ され,血圧は ［ 3 ］ し,瞳孔は ［ 4 ］ する。

問1 文章中の ［ 1 ］ ~ ［ 4 ］ に入る語として最も適当なものを,次の①~⑥のうちから一つずつ選べ。ただし,同じものを繰り返し選んでもよい。
① 縮小　　② 拡大　　③ 促進　　④ 抑制　　⑤ 上昇　　⑥ 低下

問2 自律神経系の中枢として最も適当なものを,次の①~⑤のうちから一つ選べ。 ［ 5 ］
① 大脳　　② 間脳　　③ 中脳　　④ 小脳　　⑤ 延髄

★問3 交感神経と副交感神経の末端から分泌される神経伝達物質として最も適当なものを,次の①~⑥のうちから一つずつ選べ。
交感神経 ［ 6 ］　副交感神経 ［ 7 ］
① アセチルコリン　　② バソプレシン　　③ グルカゴン
④ セクレチン　　　　⑤ ノルアドレナリン　⑥ トリプシン

問4 自律神経系に関する記述として最も適当なものを,次の①~⑤のうちから一つ選べ。 ［ 8 ］
① 交感神経は小脳,中脳,延髄から出ている。
② 副交感神経は中脳,延髄,脊髄から出ている。
③ 交感神経は休息時に働き,副交感神経は興奮時に働く。
④ インスリンは交感神経の興奮により分泌され,グルカゴンは副交感神経の興奮により分泌される。
⑤ 立毛筋には副交感神経は分布しているが,交感神経は分布していない。

3-11　ホルモン ◆◆◆◆◆◆◆◆◆◆◆◆◆◆◆◆◆◆◆◆◆◆◆◆◆◆◆◆◆◆◆◆◆

問1　次の文章中の　| 1 |　～　| 3 |　に入る語として最も適当なものを，下の
①～⑦のうちから一つずつ選べ。

　　胃の中の食物が胃酸とともに十二指腸に送られると，すい液の分泌が促進
される。ベイリスとスターリングは，この現象がすい臓に分布する　| 1 |
によるものではなく，十二指腸の粘膜でつくられた物質が　| 2 |　によって
すい臓に運ばれて起こることを発見し，この物質を　| 3 |　と名づけた。こ
れが最初に発見されたホルモンである。

① グルカゴン　　② パラトルモン　　③ セクレチン
④ 胆汁　　⑤ 血液　　⑥ 胃液　　⑦ 神経

問2　次の文章中の　| 4 |　～　| 9 |　に入る語として最も適当なものを，下の
①～⓪のうちから一つずつ選べ。

　　分泌物を分泌する腺には，排出管をもつ　| 4 |　と排出管をもたない
| 5 |　がある。ホルモンは図に示すように，| 5 |　から分泌され，
| 6 |　によって運ばれ，特定のホルモンを受容する受容体をもつ　| 7 |
細胞に作用して，特定の反応を起こさせる物質である。脳の神経細胞がホル
モンを分泌する現象を神経分泌とよぶ。神経分泌細胞から分泌されるホルモ
ンには，| 8 |　から分泌されて脳下垂体前葉に作用する放出ホルモンや抑
制ホルモンの他，脳下垂体後葉から分泌される　| 9 |　がある。

① 血液　　② 胃液　　③ 間脳視床下部　　④ 標的
⑤ 内分泌腺　　⑥ 外分泌腺　　⑦ バソプレシン
⑧ 成長ホルモン　　⑨ アドレナリン　　⓪ インスリン

3−12　ホルモンと内分泌腺 ◆◆◆◆◆◆◆◆◆◆◆◆◆◆◆◆◆◆◆◆◆◆◆◆

次の図は，ヒトの内分泌腺(ア〜キ)を示したものである。

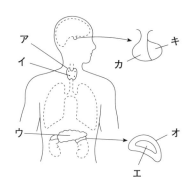

	内分泌腺	ホルモン
ア	1	8
イ	2	9
ウ	3	10
エ	4	11
オ	5	12
カ	6	13
キ	7	14

問1 ア〜キの内分泌腺 [1] 〜 [7] の名称として最も適当なものを，次の①〜⑧のうちから一つずつ選べ。

① 副腎皮質　　　② 副腎髄質　　　③ 甲状腺
④ 副甲状腺　　　⑤ 脳下垂体前葉　⑥ 脳下垂体後葉
⑦ 間脳視床下部　⑧ すい臓

問2 ア〜キの内分泌腺から分泌されるホルモン [8] 〜 [14] の名称として最も適当なものを，次の①〜⑧のうちから一つずつ選べ。

① セクレチン　　② 成長ホルモン　　③ チロキシン
④ アドレナリン　⑤ 鉱質コルチコイド　⑥ インスリン
⑦ パラトルモン　⑧ バソプレシン

3-13　ホルモンの分泌調節 ◆◆◆◆◆◆◆◆◆◆◆◆◆◆◆◆◆◆◆◆◆◆◆◆◆◆◆

　図のように，甲状腺から分泌されるホルモン **Z** の分泌調節には，ホルモン **X** とホルモン **Y** が働いている。<u>血液中のホルモン **Z** の濃度が低下すると，　2　と　3　が感知し，ホルモン **X** と **Y** の分泌量が変化し，ホルモン **Z** の分泌を促進</u>する。このように，結果が原因に影響を及ぼすことを　4　とよぶ。

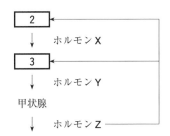

問1　ホルモン **Z** の名称として最も適当なものを，次の①〜⑥のうちから一つ選べ。　1
　① バソプレシン　　② インスリン　　③ アドレナリン
　④ パラトルモン　　⑤ 糖質コルチコイド　⑥ チロキシン

問2　文章中の　2　・　3　に入る内分泌腺として最も適当なものを，次の①〜⑥のうちから一つずつ選べ。
　① 副腎皮質　　　② 副腎髄質　　　③ 間脳視床下部
　④ 脳下垂体前葉　⑤ 脳下垂体後葉　⑥ すい臓

問3　文章中の　4　に入る語として最も適当なものを，次の①〜⑤のうちから一つ選べ。
　① ホメオスタシス　② 特異性　　　③ フィードバック
　④ 選択透過性　　　⑤ アロステリック

問4　下線部に関連して，ホルモン **X** と **Y** の分泌量の変化として最も適当なものを，次の①〜④のうちから一つ選べ。　5
　① ホルモン **X** もホルモン **Y** も増加する。
　② ホルモン **X** は増加するが，ホルモン **Y** は減少する。
　③ ホルモン **X** は減少するが，ホルモン **Y** は増加する。
　④ ホルモン **X** もホルモン **Y** も減少する。

3-14　血糖濃度の調節　◆◆◆◆◆◆◆◆◆◆◆◆◆◆◆◆◆◆◆◆◆◆◆◆◆◆◆◆◆

　図1は健康なヒトの，図2は糖尿病患者Aの，図3は糖尿病患者Bの食事後の血糖濃度(実線)と血糖濃度を調節しているホルモン**X**の濃度(破線)の変化をそれぞれ示している。

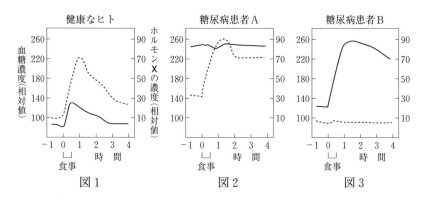

図1　　　　　　　　　　図2　　　　　　　　　　図3

問1　健康なヒトの血糖濃度(%)として最も適当なものを，次の①〜④のうちから一つ選べ。　**1**　%

　①　0.01　　　②　0.1　　　③　1　　　④　10

問2　ホルモン**X**の名称として最も適当なものを，次の①〜⑥のうちから一つ選べ。　**2**

　①　アドレナリン　　　②　チロキシン　　　③　糖質コルチコイド
　④　グルカゴン　　　　⑤　バソプレシン　　　⑥　インスリン

問3　ホルモン**X**が分泌される内分泌腺として最も適当なものを，次の①〜⑥のうちから一つ選べ。　**3**

　①　すい臓ランゲルハンス島A細胞　　　②　副腎皮質
　③　すい臓ランゲルハンス島B細胞　　　④　副腎髄質
　⑤　脳下垂体前葉　　　　　　　　　　　⑥　脳下垂体後葉

問4 ホルモンＸの働きとして最も適当なものを，次の①〜④のうちから一つ選べ。 **4**

① 組織でのグルコースの放出や，肝臓でのグリコーゲンの分解を促進する。

② 組織でのグルコースの取り込みや，肝臓でのグリコーゲンの合成を促進する。

③ 組織でのタンパク質の分解や，肝臓でのグルコースの合成を促進する。

④ 組織でのタンパク質の合成や，肝臓でのグルコースの分解を促進する。

問5 ホルモンＹはホルモンＸと同じ器官から分泌され，血糖濃度の調節に関してホルモンＸと逆の作用をもつ。ホルモンＹの名称として最も適当なものを，問2の①〜⑥のうちから一つ選べ。 **5**

問6 糖尿病患者ＡとＢの糖尿病の原因は，それぞれ異なっている。図1〜3の結果から，それぞれの糖尿病に関する記述として最も適当なものを，次の①〜⑤のうちから一つずつ選べ。

糖尿病患者Ａ **6** 糖尿病患者Ｂ **7**

① ホルモンＸの分泌が低下している。

② ホルモンＹの分泌が低下している。

③ 腎小体でつくられる原尿中にグルコースがろ過されない。

④ ホルモンＸを受容する細胞がホルモンＸに反応できない。

⑤ ホルモンＹを受容する細胞がホルモンＹに反応できない。

3−15　体液濃度の調節　◆◆◆◆◆◆◆◆◆◆◆◆◆◆◆◆◆◆◆◆◆◆◆◆◆◆

　ヒトでは，体液の塩類濃度が高くなると，それを　[　1　]　が感知して，脳下垂体　[　2　]　からのホルモン X の分泌を促進する。ホルモン X の標的細胞は，腎臓の　[　3　]　に存在し，ホルモン X は水の再吸収量を　[　4　]　させる。この結果，尿量が　[　5　]　し，体液の塩類濃度は低下する。

　体液の塩類濃度が低くなると，ホルモン X の分泌が抑制され，腎臓での水分の再吸収量が　[　6　]　し，尿量は　[　7　]　する。

問1　文章中の　[　1　]　〜　[　7　]　に入る語として最も適当なものを，次の①〜
　　ⓐのうちから一つずつ選べ。ただし，同じものを繰り返し選んでもよい。
　　① 前葉　　　② 後葉　　　③ 糸球体　　　④ 細尿管(腎細管)
　　⑤ 集合管　　⑥ 減少　　　⑦ 増加　　　　⑧ 皮質
　　⑨ 髄質　　　⓪ 延髄　　　ⓐ 間脳視床下部

問2　ホルモン X の名称として最も適当なものを，次の①〜⑦のうちから一つ選
　　べ。[　8　]
　　① アドレナリン　　② 鉱質コルチコイド　　③ 糖質コルチコイド
　　④ インスリン　　　⑤ チロキシン　　　　　⑥ バソプレシン
　　⑦ グルカゴン

3－16　体温調節 ◆◆◆◆◆◆◆◆◆◆◆◆◆◆◆◆◆◆◆◆◆◆◆◆◆◆◆◆◆◆◆

次の図は，寒冷刺激を受容した哺乳類における体温調節のしくみを示している。

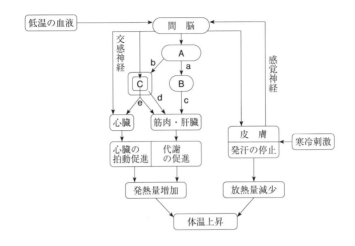

問1　図中の内分泌腺A～Cとして最も適当なものを，次の①～⑤のうちから一つずつ選べ。

A ⬚1⬚　B ⬚2⬚　C ⬚3⬚
① 甲状腺　② すい臓　③ 脳下垂体前葉　④ 脳下垂体後葉　⑤ 副腎

問2　図中のホルモンa～eとして最も適当なものを，次の①～⑧のうちから一つずつ選べ。なお，dはCの皮質から，eはCの髄質から分泌される。

a ⬚4⬚　b ⬚5⬚　c ⬚6⬚　d ⬚7⬚　e ⬚8⬚
① チロキシン　② セクレチン　③ 副腎皮質刺激ホルモン
④ 甲状腺刺激ホルモン　⑤ 鉱質コルチコイド
⑥ 糖質コルチコイド　⑦ バソプレシン　⑧ アドレナリン

問3　哺乳類の体温調節には立毛筋も関わっている。立毛筋に関する記述として最も適当なものを，次の①～④のうちから一つ選べ。 ⬚9⬚
① 立毛筋は交感神経の興奮によって収縮する。
② 立毛筋は副交感神経の興奮によって収縮する。
③ 立毛筋は交感神経の興奮によって弛緩する。
④ 立毛筋は副交感神経の興奮によって弛緩する。

3-17　生体防御 ◆◆◆◆◆◆◆◆◆◆◆◆◆◆◆◆◆◆◆◆◆◆◆◆◆◆◆◆◆◆◆◆◆

　ヒトがもつ生体防御機構は，大きく三つに分けられる。第一の防御機構は，物理的・化学的防御とよばれ，皮膚の　1　は病原体などが体内に侵入するのを防ぎ，気管では　2　運動や　3　により異物が排除される。さらに，強酸性の　4　による殺菌，細菌の細胞壁を分解する　5　，細菌の細胞膜を破壊する　6　などのタンパク質も働いている。また，第二の防御機構は(a)自然免疫とよばれ，第三の防御機構は(b)適応免疫(獲得免疫)とよばれる。

問1　文章中の　1　～　6　に入る語句として最も適当なものを，次の①～⑧のうちから一つずつ選べ。
　①　せきやくしゃみ　　②　繊毛　　③　リゾチーム　　④　角質層
　⑤　ディフェンシン　　⑥　胃液　　⑦　血液　　⑧　アミラーゼ

問2　下線部(a)の自然免疫に関する記述として**誤っているもの**を，次の①～⑤のうちから一つ選べ。　7
　①　食作用や炎症作用などにより非特異的に応答する。
　②　マクロファージやB細胞などが関わっている。
　③　取り込まれた異物は細胞内で分解される。
　④　生得的で，ほとんどすべての動物がもつ。
　⑤　異物に対する攻撃力は毎回同じである。

問3　下線部(b)の適応免疫に関する記述として**誤っているもの**を，次の①～④のうちから一つ選べ。　8
　①　一度侵入した異物を記憶し，特異的に応答する。
　②　樹状細胞やT細胞などが関わっている。
　③　自然免疫よりも短い時間で応答する。
　④　体液性免疫と細胞性免疫がある。

3－18　体液性免疫　◆◆◆◆◆◆◆◆◆◆◆◆◆◆◆◆◆◆◆◆◆◆◆◆◆◆◆◆◆◆◆◆

　体内に侵入した病原体などの　1　は，　2　細胞などの食細胞が取り込んで分解し，その一部を　2　細胞の表面に　3　する。それを　4　細胞が認識して増殖し，　5　細胞を活性化する。活性化された　5　細胞は，増殖して　6　細胞となり，　7　とよばれるタンパク質を産生する。　7　は　1　と特異的に結合し，反応で生じた複合体はマクロファージによって排除される。増殖した　4　細胞や　5　細胞の一部は　8　細胞となり，体内に残る。

　図の実線は細菌の感染の経験がないマウスに弱毒化した細菌 a を注射した日（0日）以後40日間の細菌 a に対する抗体量の変化を示している。

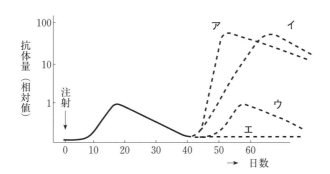

問1　文章中の　1　～　8　に入る語として最も適当なものを，次の①～⑩のうちから一つずつ選べ。
　① Ｂ　　　　　　② キラーＴ　　　③ ヘルパーＴ　　　④ 樹状
　⑤ 形質(抗体産生)　⑥ 抗原　　　　⑦ 免疫グロブリン　⑧ 抗原提示
　⑨ 記憶　　　　　⑩ フィブリン

問2　図の**ア～エ**において，マウスに細菌 a を最初に注射してから40日後に，弱毒化した細菌 a を再び注射した場合，および細菌 a とは異なる弱毒化した細菌 b を注射した場合について，それぞれの細菌に対する抗体量の変化として最も適当なものを，次の①～④のうちから一つずつ選べ。
　細菌 a に対する抗体量　9　　細菌 b に対する抗体量　10
　① ア　　　　　② イ　　　　　③ ウ　　　　　④ エ

3-19　細胞性免疫　◆◆◆◆◆◆◆◆◆◆◆◆◆◆◆◆◆◆◆◆◆◆◆◆◆◆◆◆◆◆◆◆◆

　ある系統のマウスに同じ系統のマウスの皮膚片を移植すると，生着する。しかし，異なる系統のマウスの皮膚片を移植すると，脱落する。皮膚片の移植に関する**実験1～5**を行った。

実験1　移植の経験がないA系統のマウスにB系統のマウスの皮膚片を移植すると，皮膚片は　　1　　により約10日で脱落した。

実験2　実験1と同じ処理をしたマウスに，移植片が脱落してから3週間後に再びB系統のマウスの皮膚片を移植した。

実験3　実験1と同じ処理をしたマウスに，移植片が脱落してから3週間後にC系統のマウスの皮膚片を移植した。

実験4　実験1と同じ処理をしたマウスの血清を移植片が脱落してから3週間後に採取し，移植の経験がない別のA系統マウスに注射した。このA系統マウスにB系統のマウスの皮膚片を移植した。

実験5　実験1と同じ処理をしたマウスのリンパ球を移植片が脱落してから3週間後に採取し，移植の経験がない別のA系統マウスに注射した。このA系統マウスにB系統のマウスの皮膚片を移植した。

問1　実験1の　　1　　に入る語として最も適当なものを，次の①～④のうちから一つ選べ。
① 抗原抗体反応　　② 基質特異性　　③ 拒絶反応　　④ 食作用

問2　実験1でB系統の皮膚片を直接攻撃した細胞として最も適当なものを，次の①～⑤のうちから一つ選べ。　　2　　
① 記憶細胞　　② ヘルパーT細胞　　③ キラーT細胞
④ B細胞　　⑤ 形質細胞（抗体産生細胞）

問3　実験2～5の結果として最も適当なものを，次の①～④のうちから一つずつ選べ。ただし，同じものを繰り返し選んでもよい。
実験2　3　　実験3　4　　実験4　5　　実験5　6
① 生着する　　　　　　　　　② 約5日で脱落する
③ 約10日で脱落する　　　　　④ 約20日で脱落する

3－20 免疫と疾患 ◆◆◆◆◆◆◆◆◆◆◆◆◆◆◆◆◆◆◆◆◆◆◆◆◆◆◆◆◆◆◆◆◆

病原体による感染症を予防するために， 1 とよばれる弱毒化した病原体や毒素などを抗原として接種し，あらかじめ体内に 2 細胞をつくらせ，抗体をつくらせる能力を高める方法を 3 とよぶ。また，毒ヘビにかまれたときなどに，他の動物にあらかじめつくらせた 4 を含む血清を患者に注射し，症状を軽減する方法を 5 とよぶ。

問1　文章中の 1 ～ 5 に入る語として最も適当なものを，次の①～⑨のうちから一つずつ選べ。
① 血清療法　　　② ワクチン　　　③ 予防接種　　　④ 抗体
⑤ 樹状　　　⑥ B　　　⑦ ヘルパーT　　　⑧ 記憶　　　⑨ 抗原

問2　エイズ（AIDS）に関する記述として最も適当なものを，次の①～④のうちから一つ選べ。 6
① 先天性免疫不全症候群のことをエイズとよぶ。
② 免疫力が低下し，日和見感染を起こしやすくなる。
③ ヒト免疫不全ウイルス（HIV）はB細胞に感染する。
④ 体液性免疫は低下するが，細胞性免疫は低下しない。

問3　アレルギーに関する記述として**誤っているもの**を，次の①～④のうちから一つ選べ。 7
① 全身に激しい症状が現れるものをアナフィラキシーとよぶ。
② アレルギーを引き起こすものをアレルゲンとよぶ。
③ アレルギーには抗原抗体反応によるものがある。
④ 関節リウマチや重症筋無力症はアレルギーの一種である。

第4章
生物の多様性と生態系

4－1 森林の構造 ◆◆◆◆◆◆◆◆◆◆◆◆◆◆◆◆◆◆◆◆◆◆◆◆◆◆◆◆◆◆◆◆

　森林は降水量の多い地域に成立する植生である。森林の内部では，　1　とよばれる最上部から，　2　とよばれる地面に近いところまで，様々な高さに樹木が葉を広げている。十分に発達した日本の森林では，　1　に葉を広げる　3　，その下に葉を広げる　4　，その下に葉を広げる　5　，　2　に葉を広げる草本層といった4層程度の(a)垂直方向の構造がみられる。また，地表付近にはコケ植物などが生育する地表層があり，(b)その下には土壌が発達している。

問1　文章中の　1　～　5　に入る語として最も適当なものを，次の①～⑦のうちから一つずつ選べ。
　① 高山帯　　② 低地帯　　③ 林床　　④ 林冠　　⑤ 高木層
　⑥ 亜高木層　　⑦ 低木層

問2　下線部(a)を何とよぶか。最も適当なものを，次の①～④のうちから一つ選べ。　6
　① 垂直分布　　② 水平分布　　③ 階層構造　　④ 生産構造

問3　下線部(b)について，よく発達した森林の土壌では3層からなる層状構造がみられる。地表に近い最上層から母岩に近い最下層までの順序として最も適当なものを，次の①～⑥のうちから一つ選べ。　7
　① （地表）－腐植層－落葉層－風化した岩石の層－（母岩）
　② （地表）－腐植層－風化した岩石の層－落葉層－（母岩）
　③ （地表）－落葉層－腐植層－風化した岩石の層－（母岩）
　④ （地表）－落葉層－風化した岩石の層－腐植層－（母岩）
　⑤ （地表）－風化した岩石の層－腐植層－落葉層－（母岩）
　⑥ （地表）－風化した岩石の層－落葉層－腐植層－（母岩）

4－2　光合成曲線 ◆◆◆◆◆◆◆◆◆◆◆◆◆◆◆◆◆◆◆◆◆◆◆◆◆◆◆

　次の図は，一定の温度とCO_2濃度のもとで光の強さを変化させ，植物Mと植物NのCO_2吸収量と放出量（相対値）を測定した結果を示したものである。

　植物Mに注目すると，光の強さが0のときには　1　だけが行われるので，CO_2の　2　だけが起こる。光が強くなると，CO_2の　3　量がしだいに増加し，やがて見かけ上CO_2の　2　も　3　もみられなくなる。このときの光の強さを　4　とよぶ。さらに光の強さを強くしていくと，ある光の強さ以上では，光を強くしてもCO_2の　3　量はそれ以上に大きくならなくなる。このときの光の強さを　5　とよぶ。

　植物Mと植物Nを比較すると，植物Mの方が　4　も　5　も植物Nよりも高い値を示す。植物Mは　6　，植物Nは　7　とよばれる。

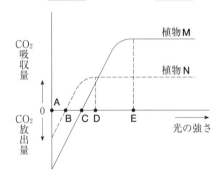

問1　文章中の　1　～　7　に入る語として最も適当なものを，次の①〜⓪のうちから一つずつ選べ。
　① 光合成　　② 見かけの光合成　　③ 放出　　④ 吸収　　⑤ 呼吸
　⑥ 光飽和点　⑦ 光補償点　⑧ 陽生植物　⑨ 陰生植物　⓪ 先駆植物

問2　図において，植物Nだけが生育できる光の強さの範囲として最も適当なものを，次の①〜⑥のうちから一つ選べ。　8
　① A－B　② A－D　③ B－C　④ B－D　⑤ C－E　⑥ D－E

問3　植物Mと植物Nにあてはまる樹種の組合せとして最も適当なものを，次の①〜④のうちから一つ選べ。　9

	植物M	植物N		植物M	植物N
①	アカマツ	コナラ	②	コナラ	スダジイ
③	スダジイ	アラカシ	④	アラカシ	アカマツ

4-3 植生の遷移 ◆◆◆◆◆◆◆◆◆◆◆◆◆◆◆◆◆◆◆◆◆◆◆◆◆◆◆◆

　ある地域に生育する植物の種類や個体数は，長い時間経過に伴い少しずつ変化している。このような植生の時間的変化を遷移とよび，一次遷移と二次遷移に分けることができる。

　表は暖温帯における溶岩台地から始まる遷移のようすを示したものである。まず，　 1 　の強いコケ植物や地衣類が裸地に侵入し，しだいに土壌が形成されていく。次に，強光下で成長が速い草本が侵入して草原となり，やがて陽生の低木が侵入して低木林となる。さらに，高木の陽樹が侵入して陽樹林となる。陽樹林内では地表に届く光が少なくなるので，　 2 　が高い陽樹の芽ばえは生育しにくいが，　 3 　の強い陰樹の芽ばえは生育できる。その結果，陰樹と陽樹の混じった混交林となり，やがて，陽樹が枯れて陰樹が残り陰樹林となる。陰樹林の林床でも陰樹の芽ばえは生育できるので，構成種に大きな変化はみられなくなる。このような安定した状態を極相とよぶ。

時　間	0〜20年	20〜50年	50〜100年	100年〜	200年〜	500年〜
植　生	荒原	草原	低木林	陽樹林	混交林	陰樹林
植物種	チズゴケ	4	ウツギ	5		6

問1　文章中の　 1 　〜　 3 　に入る語として最も適当なものを，次の①〜⑥のうちから一つずつ選べ。
① 耐陰性　　② 耐乾性　　③ 耐凍性　　④ 光補償点
⑤ 補償深度　　⑥ 光飽和点

問2　表中の　 4 　〜　 6 　に入る植物種として最も適当なものを，次の①〜⑧のうちから一つずつ選べ。
① アカマツ　　② トドマツ　　③ シラカンバ　　④ ススキ
⑤ ヤシャブシ　　⑥ コメツガ　　⑦ スダジイ　　⑧ ブナ

問3　一次遷移と二次遷移に関する記述として最も適当なものを，次の①〜④のうちから一つ選べ。　 7
① 一次遷移は水中から始まり，二次遷移は陸上から始まる。
② 二次遷移は溶岩台地から始まる場合も休耕田から始まる場合もある。
③ 一次遷移の開始時には，土壌中に植物の種子や地下茎が残っている。
④ 二次遷移は一次遷移と比べて短い時間で極相に達する。

4−4　先駆種と極相種　◆◆◆◆◆◆◆◆◆◆◆◆◆◆◆◆◆◆◆◆◆◆◆◆◆◆◆

　ある場所の植生が時間とともに変化していく現象を遷移とよび，遷移の初期に出現する種を先駆種，後期に出現する種を極相種とよぶ。極相林であっても，台風や寿命で高木が倒れると，　1　が途切れ，林内に光が差し込むようになる。このような空間を　2　とよぶ。　2　が形成されると，極相林の　3　で待機していた　4　の幼木が成長し，土壌中に埋まっていた　5　の種子が発芽・成長する。すなわち，部分的な破壊と再生が繰り返されて極相林が維持されており，極相の植物の　6　が高く保たれている。

問1　文章中の　1　～　6　に入る語として最も適当なものを，次の①～⓪のうちから一つずつ選べ。
　　①　陽樹　　　②　陰樹　　　③　高木　　④　草本　⑤　林床　⑥　林冠
　　⑦　階層構造　⑧　栄養段階　⑨　多様性　⓪　ギャップ

問2　下線部について，次の(1)～(5)の文章のうち先駆種にあてはまるものには①を，極相種にあてはまるものには②をマークせよ。
　　(1)　種子は小さくて軽く，風散布で遠くまで運ばれる。　7
　　(2)　種子は大きくて重く，栄養分に富んでいる。　8
　　(3)　初期の成長速度が大きいが，寿命は短い。　9
　　(4)　乾燥に強く，根に窒素固定細菌を共生させているものが多い。　10
　　(5)　暗所での耐性が高い。　11

4-5　湖沼から始まる遷移 ◆◆◆◆◆◆◆◆◆◆◆◆◆◆◆◆◆◆◆◆◆◆◆◆◆◆◆◆◆◆

　陸上から始まる遷移を ┃ 1 ┃ とよぶのに対して，湖沼から始まる遷移を
┃ 2 ┃ とよぶ。湖や沼では，長い年月の間に土砂が堆積して浅くなり，植物体
全体が水中にある図の a のような植物が繁茂するようになる。その後，b のよう
な植物が水面を覆うようになると，a のような植物は姿を消す。さらに水深が浅
くなると，茎や葉が水上に出ている c のような植物が優占するようになり，
┃ 3 ┃ が形成される。さらに植物の遺体や土砂が堆積して乾燥化が進むと，
┃ 3 ┃ は ┃ 4 ┃ へと移り変わっていく。その後の遷移は ┃ 1 ┃ と同じ経過
をたどり，日本など気温や降水量が十分な地域では，極相として ┃ 5 ┃ が形成
される。

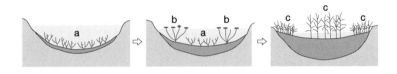

問1　文章中の ┃ 1 ┃ ～ ┃ 5 ┃ に入る語として最も適当なものを，次の①～
⑧のうちから一つずつ選べ。
① 一次遷移　　② 二次遷移　　③ 乾性遷移　　④ 湿性遷移
⑤ 湿原　　　　⑥ 荒原　　　　⑦ 草原　　　　⑧ 森林

問2　a ～ c のような水生植物を何とよぶか。最も適当なものを，次の①～④の
うちから一つずつ選べ。
a ┃ 6 ┃　b ┃ 7 ┃　c ┃ 8 ┃
① 浮遊植物　　② 抽水植物　　③ 沈水植物　　④ 浮葉植物

問3　a ～ c のような水生植物にあてはまる植物の組合せとして最も適当なもの
を，次の①～④のうちから一つずつ選べ。
a ┃ 9 ┃　b ┃ 10 ┃　c ┃ 11 ┃
① クロモ，エビモ　　　② アシ，ガマ　　　③ ヒシ，ヒツジグサ
④ ホテイアオイ，ウキクサ

4－6　気候とバイオーム ◆◆◆◆◆◆◆◆◆◆◆◆◆◆◆◆◆◆◆◆◆◆◆◆◆◆

　ある地域の植生とそこに生息する動物などを含めた生物のまとまりをバイオーム(生物群系)とよぶ。次の図に示すように，バイオームの種類と分布は，気候を決定する主な要因である気温と降水量に対応している。

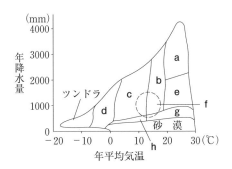

問1　a～hにあてはまるバイオームの名称として最も適当なものを，次の①～⑧のうちから一つずつ選べ。

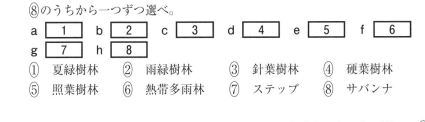

a　| 1 |　b　| 2 |　c　| 3 |　d　| 4 |　e　| 5 |　f　| 6 |
g　| 7 |　h　| 8 |

① 夏緑樹林　② 雨緑樹林　③ 針葉樹林　④ 硬葉樹林
⑤ 照葉樹林　⑥ 熱帯多雨林　⑦ ステップ　⑧ サバンナ

問2　次の(1)～(4)の特徴をもつバイオームとして最も適当なものを，問1の①～⑧のうちから一つずつ選べ。
(1)　常緑樹林で，葉はクチクラ層が発達し，厚くて光沢がある。　| 9 |
(2)　温帯域に発達する落葉樹林で，冬季には落葉する。| 10 |
(3)　イネ科の草本が優占するが，木本が点在している。| 11 |
(4)　階層構造は単純で，高木層を構成する樹種は少ない。| 12 |

問3　次の(1)～(6)の植物が優占するバイオームとして最も適当なものを，問1の①～⑧のうちから一つずつ選べ。
(1)　コメツガ | 13 |　(2)　フタバガキ | 14 |　(3)　チーク | 15 |
(4)　オリーブ | 16 |　(5)　スダジイ | 17 |　(6)　ブナ | 18 |

4－7　植物の生活形 ◆◆◆◆◆◆◆◆◆◆◆◆◆◆◆◆◆◆◆◆◆◆◆◆◆◆◆◆◆◆◆◆

　植物は固着生活をするため，生活環境の影響を強く受ける。このため，生育する環境に適した形態と生活様式をもっており，これを生活形とよぶ。生活形はそれぞれの環境に対する適応の一つと考えられる。例えば，樹木は，葉の形態からツバキやクスノキなどの　1　とアカマツやスギなどの　2　に分けられる。また，冬季に落葉するブナやカエデなどのような　3　と，1年を通じて葉をつけている　4　に分けることもできる。

　生活形の分類では，ラウンケルによるものがよく知られており，ラウンケルの生活形とよばれている。ラウンケルの生活形では，図に示すように，植物の生育に適さない季節に，低温や乾燥に耐える芽(休眠芽，冬芽)を植物体のどの位置につけるかで植物を分類している。

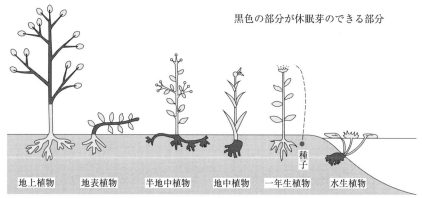

黒色の部分が休眠芽のできる部分

地上植物	地表植物	半地中植物	地中植物	一年生植物	水生植物
休眠芽が地表から30cm以上の高さにある	休眠芽が地表から30cm以下の高さにある	休眠芽が地表に接している	休眠芽が地中にある	種子で冬季や乾季を過ごす	休眠芽が水中や泥中にある

問1　文章中の　1　～　4　に入る語として最も適当なものを，次の①～⑥のうちから一つずつ選べ。

① 針葉樹　　　② 広葉樹　　　③ 陽樹　　　④ 陰樹
⑤ 常緑樹　　　⑥ 落葉樹

問2　次の表は，各バイオームに分布する植物をラウンケルの生活形に基づいて五つに分類し，それぞれの植物の個体数の割合（％）を示したものである。表中の　5　～　8　にあてはまるバイオームとして最も適当なものを，下の①～④のうちから一つずつ選べ。

バイオーム	地上植物	地表植物	半地中植物	地中植物	一年生植物
照葉樹林	54	9	24	9	4
5	4	17	6	0	73
6	1	22	60	15	2
7	96	2	0	2	0
8	10	17	54	12	7

① 熱帯多雨林　　② 夏緑樹林　　③ 砂漠　　④ ツンドラ

4－8　水平分布　◆◆◆◆◆◆◆◆◆◆◆◆◆◆◆◆◆◆◆◆◆◆◆◆◆◆◆◆◆◆◆◆◆

　日本列島はどの地域でも　| 1 |　が十分あるので，湿地や高山などを除けばすべての地域で　| 2 |　が発達する。日本のバイオームを決めるのは　| 3 |　であり，図のように　| 4 |　にほぼ対応して　| 3 |　が変化するので，図のa〜dのようなバイオームの水平分布がみられる。

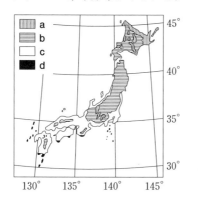

dは九州・四国・紀伊半島の南端および沖縄，南西諸島も含む

問1　文章中の　| 1 |　〜　| 4 |　に入る語として最も適当なものを，次の①〜⑧のうちから一つずつ選べ。
① 森林　　② 草原　　③ 荒原　　④ 日射量　　⑤ 降水量
⑥ 気温　　⑦ 標高　　⑧ 緯度

問2　a〜dにあてはまるバイオームの名称として最も適当なものを，次の①〜⑦のうちから一つずつ選べ。
a | 5 |　b | 6 |　c | 7 |　d | 8 |
① 針葉樹林　　② 照葉樹林　　③ 硬葉樹林　　④ 夏緑樹林
⑤ 雨緑樹林　　⑥ 熱帯多雨林　　⑦ 亜熱帯多雨林

問3　a〜dのバイオームにおいて優占する植物の組合せとして最も適当なものを，次の①〜⑥のうちから一つずつ選べ。
a | 9 |　b | 10 |　c | 11 |　d | 12 |
① ブナ，ミズナラ　　　　　② アコウ，ガジュマル
③ スダジイ，アラカシ　　　④ アカマツ，コナラ
⑤ コルクガシ，オリーブ　　⑥ トドマツ，エゾマツ

4－9　垂直分布　◆◆◆◆◆◆◆◆◆◆◆◆◆◆◆◆◆◆◆◆◆◆◆◆

　気温は標高が100m高くなるにつれておよそ0.6℃低下する。このため，日本の本州中部では図のa～dのようなバイオームの変化がみられる。これを垂直分布とよぶ。

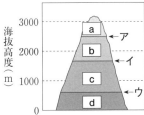

問1　a～dの分布帯の名称として最も適当なものを，次の①～④のうちから一つずつ選べ。

a 　1　　b 　2　　c 　3　　d 　4

① 山地帯　　　② 亜高山帯　　　③ 高山帯　　　④ 丘陵帯

問2　a～dにあてはまるバイオームの名称として最も適当なものを，次の①～⑧のうちから一つずつ選べ。

a 　5　　b 　6　　c 　7　　d 　8

① 雨緑樹林　　② 硬葉樹林　　③ 照葉樹林　　④ 針葉樹林
⑤ 夏緑樹林　　⑥ 高山草原　　⑦ ステップ　　⑧ ツンドラ

問3　aとbのバイオームにおいて優占する植物の組合せとして最も適当なものを，次の①～④のうちから一つずつ選べ。

a 　9　　b 　10

① ブナ，ミズナラ　　　　　　② ハイマツ，コマクサ
③ スダジイ，アラカシ　　　　④ コメツガ，シラビソ

問4　図中のア～ウのうち，森林限界に相当する境界線として最も適当なものを，次の①～④のうちから一つ選べ。　11

① ア　　　　② イ　　　　③ ウ　　　　④ 存在しない

問5　地球温暖化によって，100年後に年平均気温が4.8℃上昇したとする。このとき垂直分布帯の境界線は上下のどちらへ何m移動すると予想されるか。最も適当なものを，次の①～④のうちから一つ選べ。　12

① 上へ80 m　　② 下へ80 m　　③ 上へ800 m　　④ 下へ800 m

4－10 暖かさの指数 ◆◆◆◆◆◆◆◆◆◆◆◆◆◆◆◆◆◆◆◆◆◆◆◆◆◆◆◆◆◆

降水量が十分ある日本では，どのようなバイオームになるかは主に気温の違いによって決まる。日本のバイオームを決める気温条件は，積算気温を指標にするとうまく説明できる。

植物が生育できる温度の下限を5℃と考え，1年のうち月平均気温が5℃以上の各月について，月平均気温から5℃を引いた値を求め，それらを合計した値(積算値)を暖かさの指数とする。暖かさの指数とバイオームの関係をまとめると，次の表1のようになる。また，下の表2はA市とB市の月平均気温(℃)を示したものである。

表1

暖かさの指数	バイオーム
240～180	亜熱帯多雨林
180～ 85	照葉樹林
85～ 45	夏緑樹林
45～ 15	針葉樹林

表2

	1月	2月	3月	4月	5月	6月	7月	8月	9月	10月	11月	12月
A市（℃）	－2	0	3	9	14	17	21	22	18	14	8	1
B市（℃）	2	3	8	12	17	18	24	27	23	15	9	5

問1　A市とB市におけるバイオームとして最も適当なものを，次の①〜④のうちから一つずつ選べ。

A市　1　B市　2

① 亜熱帯多雨林　　② 照葉樹林　　③ 夏緑樹林　　④ 針葉樹林

問2　自然条件下でA市とB市において優占する樹種として最も適当なものを，次の①〜⑥のうちから一つずつ選べ。

A市　3　B市　4

① コメツガ　　② ブナ　　③ ヘゴ　　④ ビロウ
⑤ エゾマツ　　⑥ スダジイ

4－11　生態系の構造　◆◆◆◆◆◆◆◆◆◆◆◆◆◆◆◆◆◆◆◆◆◆◆◆◆◆◆◆◆◆

　次の図は，生態系を構成する生物と非生物的環境の間の物質の流れを示したものである。図中のA～Dは生態系の中で異なる役割をもつ生物群を示している。

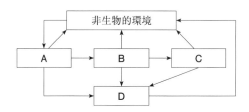

問1　生産者，消費者，分解者に該当する生物群として最も適当なものを，次の①～⑨のうちから一つずつ選べ。

　　生産者 [1]　消費者 [2]　分解者 [3]

　　① A　　　　② B　　　　③ C　　　　④ D　　　　⑤ AとB
　　⑥ BとC　　⑦ CとD　　⑧ AとBとC　⑨ BとCとD

問2　A→B→Cのような生物の関係を何とよぶか。最も適当なものを，次の①～④のうちから一つ選べ。[4]

　　① 栄養段階　　② 捕食作用　　③ 生物濃縮　　④ 食物連鎖

問3　生物から環境への働きかけを何とよぶか。最も適当なものを，次の①～④のうちから一つ選べ。[5]

　　① 作用　　② 環境形成作用　　③ 相互作用　　④ 自浄作用

問4　図のように，物質は生態系内を循環するのに対して，エネルギーは一方向に流れる。次の(1)～(3)にあてはまるエネルギーとして最も適当なものを，下の①～④のうちから一つずつ選べ。

　　(1)　太陽から生態系内へ流入するエネルギー　[6]
　　(2)　生態系内で生物間を流れるエネルギー　[7]
　　(3)　生物から生態系外へ流出するエネルギー　[8]

　　① 熱エネルギー　　　② 光エネルギー　　③ 化学エネルギー
　　④ 機械エネルギー

4 −12 生態系のバランス ◆◆◆◆◆◆◆◆◆◆◆◆◆◆◆◆◆◆◆◆

　ある海岸の岩場には図のような食物網が成立している。矢印は捕食によるエネルギーの流れを表し，ヒトデと各生物を結ぶ矢印上の数字は，ヒトデが捕食する生物の全個体数に占める各生物の個体数の割合（％）を表している。

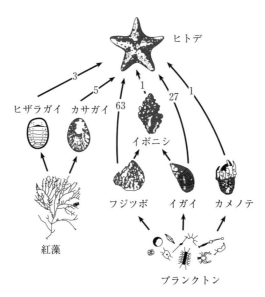

　この岩場に実験区を設け，ヒトデだけを除去する除去実験を行った。その結果，3か月後にはフジツボが岩場の大部分を占め，1年後にはイガイが岩場をほぼ独占し，カメノテとイボニシはほとんどいなくなった。岩場の表面を利用できなくなった紅藻は個体数が激減し，ヒザラガイとカサガイもいなくなった。ヒトデを除去しなかった対照区では，このような変化はみられなかった。

問1　この生態系において，ヒザラガイ，イボニシ，紅藻のそれぞれが属する栄養段階はどれか。最も適当なものを，次の①〜④のうちから一つずつ選べ。
　　　ヒザラガイ　　1　　　イボニシ　　2　　　紅藻　　3
　　① 生産者　　　② 一次消費者　　　③ 二次消費者　　　④ 分解者

問2　食物をめぐる争いが起こりえない生物の関係はどれか。最も適当なものを，次の①〜④のうちから一つ選べ。　　4
　　① ヒザラガイとカサガイ　　　② ヒトデとイボニシ
　　③ フジツボとカメノテ　　　④ フジツボとカサガイ

問3　実験結果に関する記述として最も適当なものを，次の①～④のうちから一つ選べ。　5
①　ヒザラガイとカサガイがいなくなったのは，両種が食物をめぐって争ったためである。
②　フジツボが増えた最も大きな要因は，イボニシによる捕食がなくなったことである。
③　上位の捕食者の除去は，その生物に捕食されない生物にも大きな影響を及ぼすことがある。
④　上位の捕食者の存在は，その生態系における生物相の単純化をもたらしている。

問4　この生態系における生物相の中でヒトデのような生物を何とよぶか。最も適当なものを，次の①～④のうちから一つ選べ。　6
①　優占種　　②　外来種　　③　絶滅危惧種　　④　キーストーン種

問5　ある生物の存在が，その生物と捕食・被食の関係で直接つながっていない生物の生存に対しても影響を及ぼすことがある。このとき，その影響を何とよぶか。最も適当なものを，次の①～④のうちから一つ選べ。　7
①　温室効果　　②　相乗効果　　③　間接効果　　④　密度効果

4−13 地球温暖化 ◆◆◆◆◆◆◆◆◆◆◆◆◆◆◆◆◆◆◆◆◆◆◆◆◆◆

　大気中の二酸化炭素や水蒸気は，地表から放射される　 1 　を吸収し，その一部を地表に再び放射して大気や地表の温度を上昇させる。これを温室効果とよび，その原因となる気体を温室効果ガスとよぶ。温室効果ガスには，二酸化炭素や水蒸気の他に，家畜のし尿などから出る　 2 　，オゾン層を破壊する物質として知られている　 3 　などがあげられる。

　次の図は，地上の異なる地点A〜Cにおける二酸化炭素濃度の経年変化を示したものである。いずれの地点でも1年の間に二酸化炭素濃度の上昇と低下がみられる。また，長期的にみると二酸化炭素濃度はしだいに上昇しているが，この原因は人間による石炭や石油などの　 4 　の大量消費にあるといわれている。地球温暖化によって，氷河の融解や海水の膨張による　 5 　の上昇，干ばつやゲリラ豪雨などの異常気象，環境変化による生物の大量絶滅などが懸念されている。

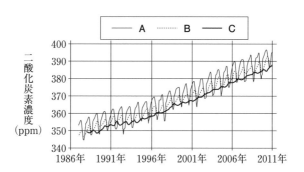

問1　文章中の　 1 　〜　 5 　に入る語として最も適当なものを，次の①〜ⓑのうちから一つずつ選べ。
① 一酸化炭素　② メタン　③ アンモニア　④ フロン
⑤ 紫外線　⑥ 赤外線　⑦ 海面　⑧ 森林限界
⑨ 台風　⓪ 電力　ⓐ エネルギー　ⓑ 化石燃料

問2　地点A〜Cは，ハワイ(マウナロア山)，日本(岩手県)，南極(昭和基地)のいずれかである。日本と南極にあてはまるものを，次の①〜③のうちから一つずつ選べ。

日本　 6 　　南極　 7
① A　　② B　　③ C

問3　地点**A**で，1年の間に二酸化炭素濃度の上昇と低下がみられる理由として
最も適当なものを，次の①～④のうちから一つ選べ。　8

① 光合成が活発に行われる春から夏にかけて，二酸化炭素濃度が上昇する。

② 光合成が活発に行われる春から夏にかけて，二酸化炭素濃度が低下する。

③ 光合成が活発に行われる秋から冬にかけて，二酸化炭素濃度が上昇する。

④ 光合成が活発に行われる秋から冬にかけて，二酸化炭素濃度が低下する。

4－14　湖沼の変化　◆◆◆◆◆◆◆◆◆◆◆◆◆◆◆◆◆◆◆◆◆◆◆

　日本のある湖で，夏の晴天の日を選んで継続的に溶存酸素量（水に溶けているO_2量）が調べられた。この湖の周囲は1910年には森林に覆われていたが，しだいに地域開発が進み，1970年には多くの人家が建てられていた。次の図の曲線A～Cは，1910年，1950年，1970年のいずれかにおける湖の中央部での水深に伴う溶存酸素量の変化を示したものである。

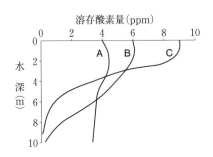

問1　曲線A～Cのうち，1910年の溶存酸素量を示すものはどれか。最も適当なものを，次の①～③のうちから一つ選べ。　| 1 |
　　①　A　　　　②　B　　　　③　C

問2　1910年から1970年の間に湖の補償深度はどのように変化したと考えられるか。最も適当なものを，次の①～③のうちから一つ選べ。　| 2 |
　　①　浅くなった　　　②　変わらない　　　③　深くなった

問3　曲線Cでは，溶存酸素量が表層部で高く，湖底部で低くなっている。この理由として最も適当なものを，次の①～⑥のうちから一つずつ選べ。
　　表層部　| 3 |　　湖底部　| 4 |
　　①　生産者の光合成量が増加した。　　②　生産者の光合成量が減少した。
　　③　一次消費者の呼吸量が増加した。　　④　一次消費者の呼吸量が減少した。
　　⑤　分解者の呼吸量が増加した。　　⑥　分解者の呼吸量が減少した。

問4　湖の水深に伴う溶存酸素量にこのような変化をもたらした現象を何とよぶか。最も適当なものを，次の①～④のうちから一つ選べ。　| 5 |
　　①　水の華　　　②　赤潮　　　③　自然浄化　　　④　富栄養化

4−15　植物プランクトンの季節変動　◆◆◆◆◆◆◆◆◆◆◆◆◆◆◆◆◆◆◆

次の図は，北半球の温帯の深い湖における植物プランクトン量の季節変動を示したものである。植物プランクトン量は，水温や日射量，栄養塩類量，動物プランクトンによる捕食などの影響により季節的に変動する。

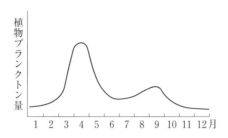

問1　栄養塩類に含まれる重要な元素の組合せとして最も適当なものを，次の①〜④のうちから一つ選べ。　| 1 |
① Na, P　　　② P, N　　　③ N, Ca　　　④ Ca, Na

問2　図に示した植物プランクトン量の季節変動について説明した次の文章中の　| 2 |　〜　| 5 |　に入る語として最も適当なものを，下の①〜⑨のうちから一つずつ選べ。

水は4℃で最も重く，水温がそれより高くても低くても軽くなる。冬は，表層の水が冷やされて4℃よりも低くなり深層水よりも軽くなるため，水の　| 2 |　が起こらない。春になると，　| 3 |　の増大に伴って表層水の　| 4 |　が上昇し，表層から深層まで　| 4 |　がほとんど同じになると水の　| 2 |　が起こる。このとき深層から表層に　| 5 |　がもたらされるので，植物プランクトンが大増殖する。夏には，表層水の　| 4 |　が深層水よりも高いので水の　| 2 |　が起こらず，　| 5 |　の不足と動物プランクトンによる捕食の影響を受けて植物プランクトンは減少する。秋になって，表層水の　| 4 |　が低下すると，再び水の　| 2 |　が起こり，表層に　| 5 |　が供給されて植物プランクトンは増殖する。しかし，秋には　| 3 |　や　| 4 |　が低下するため，春のような大増殖には至らない。

① 酸素　　② 水素　　　③ 鉛直混合　　④ 塩分　　　⑤ 水温
⑥ 気温　　⑦ 二酸化炭素　⑧ 日射量　　⑨ 栄養塩類

4-16　汚染物質の蓄積　◆◆◆◆◆◆◆◆◆◆◆◆◆◆◆◆◆◆◆◆◆◆◆◆◆◆◆◆◆◆

　生産者，消費者，分解者などの生物は，互いに影響しながら非生物的環境とともに一つのまとまりを形成している。このまとまりを　1　とよぶ。生産者によってつくられた有機物は　2　を通して消費者や分解者に利用される。生産者を出発点とする　2　の各段階を　3　とよび，生物体内で分解されにくい物質や排出されにくい物質は，　3　が高くなるにつれてその濃度が高くなる。これを　4　とよぶ。

　絶縁体や熱媒体として広く使用されてきたPCB(ポリ塩化ビフェニール)は，日本では1972年に製造禁止となっているが，現在でも海水中にごく微量含まれている。表は，海水，植物プランクトン，オキアミに含まれるPCB濃度を示したものである。なお，1 ppmは100万分の1を意味し，重量では1 kg中の1 mgに相当する。

	PCB濃度（ppm）
海水	検出限界以下
植物プランクトン	0.0002
オキアミ	0.01

問1　文章中の　1　～　4　に入る語として最も適当なものを，次の①～⑧のうちから一つずつ選べ。
　① 生態系　　② 生態ピラミッド　　③ バイオーム　　④ 食物連鎖
　⑤ 生物濃縮　⑥ 栄養段階　　　　　⑦ 富栄養化　　　⑧ 自然浄化

問2　PCB濃度は植物プランクトンからオキアミに移る過程で何倍になっているか。最も適当なものを，次の①～④のうちから一つ選べ。　5　倍
　① 20　　② 50　　③ 200　　④ 500

問3　イワシ(250g)中に含まれるPCBを測定したところ，1 mgのPCBが検出された。このイワシの体内におけるPCB濃度として最も適当なものを，次の①～⑥のうちから一つ選べ。　6　ppm
　① 1　　② 2.5　　③ 3　　④ 10　　⑤ 25　　⑥ 40

4－17　河川の生態系 ◆◆◆◆◆◆◆◆◆◆◆◆◆◆◆◆◆◆◆◆◆◆◆◆◆◆◆◆◆

　有機物を含む汚水が流入している河川において，汚水流入地点から下流にかけて生物の個体数と水中に含まれる物質の濃度を調べた。生物A～Dの個体数の変化を図1に，水中に含まれる物質の濃度の変化を図2に示した。

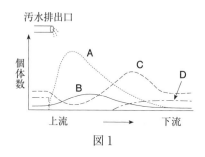

図1

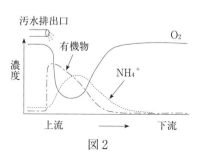

図2

問1　調査結果を説明した次の文章中の　1　～　5　に入る語として最も適当なものを，下の①～⓪のうちから一つずつ選べ。

　　汚水中に含まれる有機物は　1　の働きによりNH$_4^+$が生じ，このとき　2　が消費される。生じたNH$_4^+$は下流では栄養塩として　3　に吸収されて利用されるので，　3　の個体数が増加する。その結果，　4　が盛（さか）んに行われるようになり，水中の　2　の濃度が上昇する。また，下流に行くにつれて有機物の濃度は低下していく。このような作用を　5　とよぶ。

① 生産者　　② 消費者　　③ 分解者　　④ 生態系サービス
⑤ 環境形成作用　　⑥ 自然浄化　　⑦ 呼吸　　⑧ 光合成
⑨ O$_2$　　⓪ CO$_2$

問2　生物A～Dにあてはまる生物として最も適当なものを，次の①～④のうちから一つずつ選べ。
A　6　　B　7　　C　8　　D　9
① 緑藻　　② 原生動物　　③ 清水性昆虫　　④ 細菌類

4-18　外来生物の侵入と在来種の絶滅 ◆◆◆◆◆◆◆◆◆◆◆◆◆◆◆◆◆◆◆◆◆◆◆◆

　人間の活動によって意図的に，あるいは偶然に原産地から別の場所に運ばれて定着した生物を　1　とよぶ。このような生物は侵入先の生物相の多様性を脅かすばかりでなく，固有の生態系を攪乱（かくらん）したり破壊したりする可能性がある。

　例えば，1970年代に意図的な放流によって日本の湖沼で分布を広げたA種は，幅広い食性をもつ動物食性の淡水魚で，繁殖力も強いため，本来そこで生息していた魚類の個体数を激減させている。また，1910年にハブを駆除するために沖縄本島に移入されたB種は，ハブと活動時間が異なるためハブを捕食せず，沖縄本島のみに生息する　2　であるヤンバルクイナなどを捕食するという問題が起きている。

　このように，原産地から別の場所に運ばれて生態系や人体，農林水産業に大きな影響を及ぼす生物は　3　に指定され，飼育や栽培，輸入などの取り扱いが原則として禁止されている。

問1　文章中の　1　～　3　に入る語として最も適当なものを，次の①～⑥のうちから一つずつ選べ。
① 固有種　　　　　　② 優占種　　　　③ 先駆種
④ キーストーン種　　⑤ 外来生物　　　⑥ 特定外来生物

問2　文章中のA種とB種にあてはまる生物として最も適当なものを，次の①～⑥のうちから一つずつ選べ。
A種　4　　B種　5
① オオナマズ　　　② オオクチバス　　③ カダヤシ
④ カミツキガメ　　⑤ フイリマングース　⑥ イリオモテヤマネコ

問3　日本の在来種の遺伝的純粋性に及ぼす　1　の影響を述べた例として最も適当なものを，次の①～④のうちから一つ選べ。　6
① 温室栽培の受粉のために輸入したセイヨウマルハナバチが野生植物の盗蜜を行って野生植物の繁殖を阻害した。
② 野生化したタイワンザルとニホンザルの雑種の子が繁殖した。
③ 繁殖力の強いモウソウチクが茂り，クヌギやコナラが成長しなくなった。
④ 外国産クワガタムシに付着したダニが日本のクワガタムシに病原性を示した。

4 −19　生態系サービス ◆◆◆◆◆◆◆◆◆◆◆◆◆◆◆◆◆◆◆◆◆◆◆◆◆◆◆◆◆◆◆◆

　人は森林やその周囲の環境から，食糧や木材など多くの利益を得ている。これらはいわゆる「自然の恵み」であり，(a)生態系サービスとよばれる。人里とその周辺にある農地や草地，ため池，雑木林などがまとまった一帯を(b)里山とよぶ。里山は人が管理することによって維持されてきた。近年，過疎化などによって人が管理することができなくなってきたため，里山の生態系は変化している。

問1　下線部(a)について，生態系サービスはその役割の違いから，基盤サービス，供給サービス，調整サービス，文化的サービスの四つに分けられる。それぞれのサービスに含まれるものを，下の①〜④のうちから一つずつ選べ。

基盤サービス　| 1 |　　　供給サービス　| 2 |
調整サービス　| 3 |　　　文化的サービス　| 4 |

① 　植物が地盤の保水力を高めること
② 　森林の光合成による酸素の放出
③ 　熱帯多雨林の微生物を利用した医薬品の開発
④ 　湿原の花の季節に見られる美しい景観

問2　下線部(b)について，里山に関する記述として**誤っているもの**を，次の①〜④のうちから一つ選べ。　| 5 |

① 　里山では雑木林を定期的に伐採することにより，陰樹の成長が抑えられている。
② 　里山を手つかずのままで保全し，遷移を進めることで，里山の特徴的な生物を守ることができる。
③ 　里山の雑木林は，クヌギやコナラ，アカマツなどの陽樹が優占種となっている。
④ 　里山の自然の中でキャンプを楽しむことは，生態系サービスに含まれる。

第2部　実戦編

第1問　次の文章を読み，下の問い(問1～3)に答えよ。

　多細胞生物のからだは，様々な形や働きをもつ細胞から構成されている。また，生物ごとに細胞の大きさや形は異なっており，細胞の内部に含まれる構造体にも違いがみられる。次の表は，マウスの肝細胞，ツバキの葉の細胞，大腸菌の細胞，酵母の細胞における構造体P～Rおよびミトコンドリアの存在の有無を比較したものである。なお，表中のア～ウはツバキの葉の細胞，大腸菌の細胞，酵母の細胞のいずれかであり，表中の＋はその構造体が存在することを，－はその構造体が存在しないことを示している。

	マウスの肝細胞	ア	イ	ウ
P	－	＋	＋	＋
Q	＋	－	＋	＋
R	－	－	＋	－
ミトコンドリア	エ	オ	カ	キ

問1　表中のP～Rに入る構造体の組合せとして最も適当なものを，次の①～⑥のうちから一つ選べ。　 1

	P	Q	R
①	核	細胞壁	葉緑体
②	核	葉緑体	細胞壁
③	細胞壁	核	葉緑体
④	細胞壁	葉緑体	核
⑤	葉緑体	核	細胞壁
⑥	葉緑体	細胞壁	核

問2 表中のア～ウに入る細胞の組合せとして最も適当なものを，次の①～⑥のうちから一つ選べ。 2

	ア	イ	ウ
①	酵母の細胞	大腸菌の細胞	ツバキの葉の細胞
②	酵母の細胞	ツバキの葉の細胞	大腸菌の細胞
③	大腸菌の細胞	酵母の細胞	ツバキの葉の細胞
④	大腸菌の細胞	ツバキの葉の細胞	酵母の細胞
⑤	ツバキの葉の細胞	酵母の細胞	大腸菌の細胞
⑥	ツバキの葉の細胞	大腸菌の細胞	酵母の細胞

問3 表中のエ～キに入る記号の組合せとして最も適当なものを，次の①～⓪のうちから一つ選べ。 3

	エ	オ	カ	キ
①	+	+	+	−
②	+	+	−	+
③	+	−	+	+
④	−	+	+	+
⑤	+	+	−	−
⑥	+	−	+	−
⑦	+	−	−	+
⑧	−	+	+	−
⑨	−	+	−	+
⓪	−	−	+	+

第2問　次の文章を読み，下の問い（問1〜3）に答えよ。

　生物の体内では様々な酵素が働いている。ブタの肝臓に含まれる酵素の性質について調べるため，次の**実験1**を行った。

実験1　試験管にブタの肝臓片1gを入れた後，3％過酸化水素水を2mL加えたところ，しばらくの間(a)気体が発生していたが，やがて(b)気体の発生が停止した。

問1　下線部(a)について，気体が発生したのは過酸化水素が分解されたためである。ブタの肝臓片に含まれる過酸化水素を分解する酵素の名称と過酸化水素の分解によって生じる気体の名称の組合せとして最も適当なものを，次の①〜④のうちから一つ選べ。　| 1 |

	酵素	気体			酵素	気体
①	アミラーゼ	酸素		②	アミラーゼ	二酸化炭素
③	カタラーゼ	酸素		④	カタラーゼ	二酸化炭素

問2　**実験1**では，ブタの肝臓片に含まれる酵素が，過酸化水素の分解反応の触媒として働いている。次の@〜©のうち，過酸化水素の分解反応を促進するものはどれか。それらを過不足なく含むものを，下の①〜⑦のうちから一つ選べ。　| 2 |

　@　酸化マンガン(Ⅳ)　　　⑥　石英砂　　　©　ダイコンの根

① @　　　② ⑥　　　③ ©　　　④ @，⑥　　　⑤ @，©

⑥ ⑥，©　　　⑦ @，⑥，©

問3　下線部(b)について，「気体の発生が停止したのは，試験管内の過酸化水素がすべて分解されたためである」という仮説を立てた。どのような追加実験を行って，どのような結果が得られれば，この仮説が正しいといえるか。必要な追加実験とその結果として適当なものを，次の①〜⑥のうちから二つ選べ。ただし，解答の順序は問わない。　| 3 |・| 4 |

① 試験管に新鮮なブタの肝臓片を加えると，再び気体が発生する。

② 試験管に新鮮なブタの肝臓片を加えても，気体は発生しない。

③ 試験管に煮沸したブタの肝臓片を加えると，再び気体が発生する。

④ 試験管に煮沸したブタの肝臓片を加えても，気体は発生しない。

⑤ 試験管に3％過酸化水素水を加えると，再び気体が発生する。

⑥ 試験管に3％過酸化水素水を加えても，気体は発生しない。

第3問 次の文章を読み，下の問い(**問1～3**)に答えよ。

　植物の葉では，光合成によって有機物がつくられる。これを確認するために，アジサイの葉を用いて，次の**処理Ⅰ～Ⅲ**を行った。

処理Ⅰ　鉢植えのアジサイの葉の一部をアルミニウム箔で覆い，直射日光下に10時間放置した。

処理Ⅱ　**処理Ⅰ**を行ったアジサイの葉を採取し，湯せんで温めたエタノールに浸した。

処理Ⅲ　**処理Ⅱ**を行ったアジサイの葉を取り出して水洗した後，ヨウ素溶液に浸した。

問1　**処理Ⅱ**を行った理由として最も適当なものを，次の①～④のうちから一つ選べ。　| 1 |
① 葉の細胞を殺すため。
② 葉を脱色するため。
③ 光合成の反応を停止させるため。
④ 呼吸の反応を停止させるため。

問2　**処理Ⅲ**で，ヨウ素溶液はどのような物質を検出するために用いられたか。最も適当なものを，次の①～④のうちから一つ選べ。　| 2 |
① ATP　　② 核酸　　③ タンパク質　　④ デンプン

問3　**処理Ⅲ**を行った後，葉をヨウ素液から取り出して観察したところ，アルミニウム箔で覆われていた部分(被覆部)と覆われていなかった部分(非被覆部)では色に違いがみられた。被覆部と非被覆部の色の組合せとして最も適当なものを，次の①～⑥のうちから一つ選べ。　| 3 |

	被覆部	非被覆部
①	白色	青紫色
②	白色	濃緑色
③	青紫色	白色
④	青紫色	濃緑色
⑤	濃緑色	白色
⑥	濃緑色	青紫色

第4問　次の文章を読み，下の問い（**問1**・**問2**）に答えよ。

　ウイルスには，遺伝情報としてDNAをもつものとRNAをもつものがある。通常，DNAは二重らせん構造（2本鎖構造），RNAは1本鎖構造であるが，ウイルスの中には遺伝情報として1本鎖構造のDNAや2本鎖構造のRNAをもつものも存在する。4種のウイルス**ア**〜**エ**がもつ核酸を解析し，核酸に含まれる各塩基（A，C，G，T，U）の数の割合（%）を調べたところ，次の表に示す結果が得られた。

ウイルス	核酸に含まれる各塩基の数の割合（%）				
	A	C	G	T	U
ア	21	21	29	29	0
イ	19	19	31	0	31
ウ	30	20	20	30	0
エ	22	28	28	0	22

問1　ウイルス**ア**〜**エ**がもつ核酸として最も適当なものを，次の①〜④のうちからそれぞれ一つずつ選べ。

ア 1 ・**イ** 2 ・**ウ** 3 ・**エ** 4

① 1本鎖構造のDNA
② 2本鎖構造のDNA
③ 1本鎖構造のRNA
④ 2本鎖構造のRNA

問2　ウイルス**オ**は遺伝情報として2本鎖構造の核酸をもつ。この核酸に含まれる各塩基の数の割合（%）を調べたところ，Tの数の割合はGの数の割合の2倍であった。ウイルス**オ**がもつ核酸に含まれるAの数の割合（%）として最も適当なものを，次の①〜⑤のうちから一つ選べ。 5 ％

① 16.7　　② 20.0　　③ 25.0　　④ 30.0　　⑤ 33.3

第5問 下の問い（問1・問2）に答えよ。

問1 大腸菌の細胞内には460万塩基対からなるDNAが含まれている。DNAの10塩基対の長さを3.4nmとすると，大腸菌の細胞内に存在するDNAの全長は何mmになるか。最も適当なものを，次の①～④のうちから一つ選べ。ただし，1nm＝10^{-6}mmである。 [1] mm

① 0.8 　　　　② 1.6 　　　　③ 2.4 　　　　④ 3.2

問2 次の文章中の [2] ～ [4] に入る数値として最も適当なものを，下の①～⑧のうちからそれぞれ一つずつ選べ。

　　約30億塩基対からなるヒトのゲノムの中には約20000個の遺伝子が存在し，1個の遺伝子からは1種類のタンパク質が合成されるものとする。また，ヒトの体内で合成されるタンパク質の平均分子量が90000であり，タンパク質を構成するアミノ酸の平均分子量が120であるとすると，1個のタンパク質は平均して [2] 個のアミノ酸からなることがわかる。 [2] 個のアミノ酸の配列を指定するために必要な塩基対の数は [3] 個であるので，30億塩基対からなるヒトのゲノムのうち「遺伝子の領域」は [4] ％を占めていると考えられる。

① 0.75 　　　② 1.5 　　　③ 7.5 　　　④ 15
⑤ 150 　　　⑥ 750 　　　⑦ 1500 　　　⑧ 2250

第6問 次の文章を読み，下の問い(**問1・問2**)に答えよ。

DNAの複製様式として，以下の三つの仮説が考えられた（図1）。なお，図1中の黒い太線はもとのDNAのヌクレオチド鎖，白い太線は新しく合成されたヌクレオチド鎖を示す。

仮説1 もとのDNAはそのまま残り，2本のヌクレオチド鎖のいずれもが新しく合成されたものからなるDNAが1分子生じる。

仮説2 DNAの2本鎖が分かれて，それぞれのヌクレオチド鎖が鋳型となり，もう一方は新たに合成されたヌクレオチド鎖からなるDNAが2分子生じる。

仮説3 複製後のDNA分子では，2本のヌクレオチド鎖のいずれにも，もとのヌクレオチド鎖と新たに合成されたヌクレオチド鎖の領域が混在する。

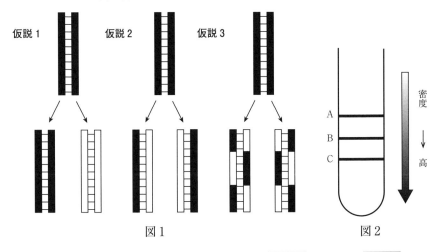

図1　　　　　　　　　　　　　　　　図2

これらの仮説を検証する実験を行った研究者は　1　である。　1　は，窒素源として通常の窒素(^{14}N)のみを含む培地で長時間培養した大腸菌，および重い窒素(^{15}N)のみを含む培地で長時間培養した大腸菌から2本鎖DNAを抽出した(それぞれを^{14}N-DNA，^{15}N-DNAとする)。DNAをある溶液中で長時間遠心分離(密度勾配遠心分離)すると，DNAはその重さに応じて遠心チューブ内の液の密度と同じ位置に集まる。^{14}N-DNAは図2のAの位置に，^{15}N-DNAは図2のCの位置にそれぞれ検出された。

次に，^{15}Nのみを含む培地で長時間培養していた大腸菌を^{14}Nのみを含む培地に移し，1回だけDNAを複製して細胞分裂をした大腸菌(E_1とする)，および2回細胞分裂をした大腸菌(E_2とする)から2本鎖DNAを抽出し，これらの試料を遠心分離した。それらの結果によりDNAの複製方法が推定できた。

問1 文章中の ☐1☐ に入る研究者名として最も適当なものを, 次の①~④の うちから一つ選べ。

① エイブリーとグリフィス   ② ハーシーとチェイス

③ メセルソンとスタール   ④ ワトソンとクリック

問2 実験に関する次の文章中の ☐2☐ ~ ☐6☐ に入る語として最も適当 なものを, 下の①~⑨のうちから一つずつ選べ。

E_1のDNAを遠心分離した結果, 図2の ☐2☐ にDNAが検出されたので, ☐3☐ が否定される。また, E_2のDNAを遠心分離した結果, 図2の ☐4☐ にDNAが検出されたので, ☐5☐ が否定される。したがって, ☐6☐ が正しいことがわかった。

① Aの位置のみ   ② Bの位置のみ   ③ Cの位置のみ

④ AとBの位置   ⑤ AとCの位置   ⑥ BとCの位置

⑦ 仮説1   ⑧ 仮説2   ⑨ 仮説3

第7問 次の文章を読み，下の問い（**問1・問2**）に答えよ。

　カオルとアキラは，遺伝暗号について議論した。

カオル：翻訳の際には，mRNAの連続する3塩基の配列が一つのアミノ酸を指定
　　　　する遺伝暗号となっているんだよね。

アキラ：どうして，1塩基や2塩基の配列ではだめなんだろう。

カオル：それは，DNAを構成する塩基は4種類なのにタンパク質を構成するアミ
　　　　ノ酸が20種類だからだよ。

アキラ：なるほど，1塩基だと　**ア**　種類，2塩基だと　**イ**　種類のアミノ
　　　　酸しか指定できないけど，3塩基だと　**ウ**　種類の組合せができるの
　　　　で余裕だね。だから，異なる遺伝暗号が同じアミノ酸を指定する場合も
　　　　あるね。

カオル：遺伝暗号はどのようにして解読されたのかな。

アキラ：思い通りの塩基配列をもつmRNAを合成することができるので，それを
　　　　用いた研究から解読されたと先生が言ってたよ。例えば，アデニンをも
　　　　つヌクレオチドだけが結合したmRNAを用いてポリペプチドを合成させ
　　　　せると，リシンだけが結合したポリペプチドができたことから，AAAは
　　　　リシンを指定することがわかったんだ。

カオル：じゃあ，ウラシルをもつヌクレオチドだけがつながったmRNAを用いる
　　　　とどうなるの？

アキラ：フェニルアラニンだけが結合したポリペプチドができたそうだ。

カオル：ちょっと待って，この方法では，あとGGGとCCCが指定するアミノ酸し
　　　　かわからないよ。

アキラ：そうだね。でも，ACACACAC…のような塩基配列をもつmRNAを用
　　　　いてポリペプチドを合成させる実験もできるよ。この場合，トレオニン
　　　　とヒスチジンが交互に結合したポリペプチドができたんだ。

カオル：それでは，ACAが繰り返すACAACAACA…の配列をもつmRNAを用
　　　　いてポリペプチドを合成させると，どんなポリペプチドができるのかな。

アキラ：トレオニンだけが結合したポリペプチド，グルタミンだけが結合したポ
　　　　リペプチド，アスパラギンだけが結合したポリペプチドの3種類ができ
　　　　たそうだ。

カオル：えっ！どうしてそうなるの？

アキラ：細胞内ではmRNAの特定の塩基配列から翻訳が始まるけど，このmRNA
　　　　を用いた場合には，任意の塩基配列から翻訳が始まるからだって。
　　　　ACAの最初のAから翻訳が始まるとACAの繰り返しになるけど，Cか
　　　　ら翻訳が始まると　エ　の繰り返し，Cの次のAから翻訳が始まると
　　　　オ　の繰り返しになるからね。
カオル：暗号が一部解けた！　カ　はトレオニン，　キ　はヒスチジンを指
　　　　定することになるね。

問1　会話文中の　ア　～　ウ　に入る数値として最も適当なものを，次の
①～⑦のうちからそれぞれ一つずつ選べ。
ア　1　・イ　2　・ウ　3
①　4　　②　8　　③　12　　④　16　　⑤　27　　⑥　64　　⑦　81

問2　会話文中の　エ　～　キ　に入る塩基配列として最も適当なものを，
次の①～④のうちからそれぞれ一つずつ選べ。
エ　4　・オ　5　・カ　6　・キ　7
①　AAC　　②　ACA　　③　CAA　　④　CAC

第8問　次の文章を読み，下の問い(問1～3)に答えよ。

　DNAの塩基配列が変化すると，それを転写したmRNAの塩基配列も変化し，その結果合成されたタンパク質のアミノ酸配列が変化することがある。DNAの塩基配列の変化には，ある塩基対が異なる塩基対に置き換わる場合(置換)，ある塩基対が脱落する場合(欠失)，新たに塩基対がつけ加わる場合(挿入)がある。1塩基対の置換が起こった場合には，タンパク質を構成するアミノ酸の1個が異なるアミノ酸に変化することが多い。

　100個のアミノ酸からなるタンパク質Xの50番目のアミノ酸はバリンであるが，このバリンがメチオニンに変化しているタンパク質X′が知られている。このアミノ酸配列の変化は，DNAの塩基配列に1塩基対の置換が生じたことが原因である。

問1　バリンを指定するmRNAの3塩基の配列には，GUU，GUC，GUA，GUGの4種類があるが，メチオニンを指定するmRNAの3塩基の配列はAUGのみである。タンパク質XのmRNAで，50番目のバリンを指定する3塩基の配列はどれか。最も適当なものを，次の①～④のうちから一つ選べ。

　　　　| 1 |
①　GUU　　　②　GUC　　　③　GUA　　　④　GUG

問2　タンパク質Xとタンパク質X′の遺伝子では，DNAの2本のヌクレオチド鎖のうち，転写の際にmRNAの鋳型となる方の鎖(鋳型鎖)の塩基配列に1塩基の違いがみられる。この1塩基の違いに関する記述として最も適当なものを，次の①～⑨のうちから一つ選べ。　| 2 |
①　Xの遺伝子ではGであるが，X′の遺伝子ではTである。
②　Xの遺伝子ではCであるが，X′の遺伝子ではTである。
③　Xの遺伝子ではAであるが，X′の遺伝子ではTである。
④　Xの遺伝子ではGであるが，X′の遺伝子ではAである。
⑤　Xの遺伝子ではCであるが，X′の遺伝子ではAである。
⑥　Xの遺伝子ではTであるが，X′の遺伝子ではAである。
⑦　Xの遺伝子ではGであるが，X′の遺伝子ではCである。
⑧　Xの遺伝子ではAであるが，X′の遺伝子ではCである。
⑨　Xの遺伝子ではTであるが，X′の遺伝子ではCである。

問 3 アミノ酸のロイシンを指定するmRNAの 3 塩基の配列は，UUA，UUG，CUU，CUC，CUA，CUGの 6 種類である。mRNAのCUGのうちの 1 塩基が他の塩基に置換しても，同じロイシンを指定するものになる確率として最も適当なものを，次の①～⑤のうちから一つ選べ。 3

①　$\dfrac{1}{9}$　　②　$\dfrac{2}{9}$　　③　$\dfrac{3}{9}$　　④　$\dfrac{4}{9}$　　⑤　$\dfrac{5}{9}$

第9問 次の文章を読み，下の問い(問1〜3)に答えよ。

　次の図1は，100個のアミノ酸からなるタンパク質Pの遺伝子である2本鎖DNAの塩基配列のうち，タンパク質Pのアミノ酸配列の中央部に対応する部分を示している。この塩基配列の下側の塩基配列が左側から右側に転写されるものとする。なお，図1中の矢印で示した塩基は50番目のアミノ酸を指定するコドンの3塩基のいずれかに対応している。また，表1は遺伝暗号表である。

$$\downarrow$$
····ACTATCTAGGAATTTCCGCACTGGCTAAATG····
····TGATAGATCCTTAAAGGCGTGACCGATTTAC····

図1

表1

UUU	フェニル	UCU		UAU	チロシン	UGU	システイン
UUC	アラニン	UCC	セリン	UAC		UGC	
UUA	ロイシン	UCA		UAA	終止	UGA	終止
UUG		UCG		UAG		UGG	トリプトファン
CUU		CCU		CAU	ヒスチジン	CGU	
CUC	ロイシン	CCC	プロリン	CAC		CGC	アルギニン
CUA		CCA		CAA	グルタミン	CGA	
CUG		CCG		CAG		CGG	
AUU	イソロイシン	ACU		AAU	アスパラギン	AGU	セリン
AUC		ACC	トレオニン	AAC		AGC	
AUA		ACA		AAA	リシン	AGA	アルギニン
AUG	メチオニン	ACG		AAG		AGG	
GUU	バリン	GCU	アラニン	GAU	アスパラギン酸	GGU	グリシン
GUC		GCC		GAC		GGC	
GUA		GCA		GAA	グルタミン酸	GGA	
GUG		GCG		GAG		GGG	

問1 タンパク質Pの50番目のアミノ酸として最も適当なものを，次の①〜⑥のうちから一つ選べ。 | 1 |

① アルギニン　　　② グリシン　　　③ リシン
④ フェニルアラニン　⑤ プロリン　　　⑥ セリン

問2 図1中の↓で示した $\frac{C}{G}$ の塩基対が $\frac{A}{T}$ の塩基対に置換した場合，タンパク質Pの50番目のアミノ酸は何になるか。最も適当なものを，次の①〜⑥のうちから一つ選べ。 2

① アスパラギン   ② ロイシン   ③ リシン
④ セリン   ⑤ トレオニン   ⑥ チロシン

問3 図1の塩基配列に次の**ア〜ウ**の変異が生じた場合，合成されるタンパク質Pのアミノ酸数は何個になるか。最も適当なものを，下の①〜⓪のうちからそれぞれ一つずつ選べ。

ア 図1の左端から5番目の塩基対 $\frac{T}{A}$ が $\frac{G}{C}$ の塩基対に置換した場合 3

イ 図1の左端の塩基対 $\frac{A}{T}$ が欠失した場合 4

ウ 図1の↓で示した塩基対の右側の塩基対 $\frac{C}{G}$ が $\frac{A}{T}$ の塩基対に置換した場合 5

① 45   ② 46   ③ 47   ④ 49   ⑤ 50
⑥ 51   ⑦ 52   ⑧ 53   ⑨ 54   ⓪ 100

第10問 次の文章を読み，下の問い(問1～4)に答えよ。

　次の図1は，ヒトの心臓の左心室で1回の収縮と弛緩が起こり，左心室に血液が流入してから拍出されるまでの間について，左心室の容積と左心室の内圧の関係を示したものである。なお，時間は矢印の順に進行する。また，図2は，肺，脳，骨格筋，肝臓における1分間あたりの血流量(L)を，安静時と運動時について示したものである。図2中の**オ**，**カ**，**キ**は，それぞれ肺，脳，骨格筋のいずれかを示している。

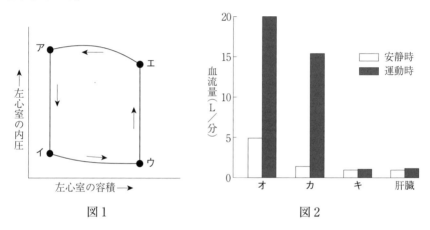

図1　　　　　　　　　　　　　　図2

問1　図1で，左心室から大動脈へ血液が拍出されている過程として最も適当なものを，次の①～④のうちから一つ選べ。 **1**
① ア→イ　　　② イ→ウ　　　③ ウ→エ　　　④ エ→ア

問2　図1で，房室弁(左心房と左心室の間の弁)が開くとき，および，大動脈弁(大動脈と左心室の間の弁)が開くときとして最も適当なものを，次の①～④のうちからそれぞれ一つずつ選べ。
房室弁 **2** ・ 大動脈弁 **3**
① ア　　　　　② イ　　　　　③ ウ　　　　　④ エ

問3 図2中の**オ〜キ**の器官の組合せとして最も適当なものを，次の①〜⑥のうちから一つ選べ。　4

	オ	カ	キ			オ	カ	キ
①	肺	脳	骨格筋		②	肺	骨格筋	脳
③	脳	肺	骨格筋		④	脳	骨格筋	肺
⑤	骨格筋	肺	脳		⑥	骨格筋	脳	肺

問4 図2から推定される，運動時における左心室からの1分間あたりの拍出量(L)として最も適当なものを，次の①〜⑤のうちから一つ選べ。　5　L

① 1　　　② 5　　　③ 10　　　④ 15　　　⑤ 20

第11問 次の文章を読み，下の問い(**問1～4**)に答えよ。

　ヒトの腎臓において，尿を生成する単位を(a)<u>ネフロン(腎単位)</u>とよぶ。ネフロンは糸球体とこれを包むボーマンのう，およびボーマンのうに続く細尿管からなる。腎臓に流入した血液は，糸球体からボーマンのうへろ過されて原尿となる。(b)<u>原尿が細尿管や集合管を通る過程で必要な物質が周囲の毛細血管に再吸収され</u>，再吸収されずに残ったものが尿となる。

　次の図は，健康なヒトの静脈にグルコースを注射して血糖濃度を上昇させたときの，血しょう中のグルコース濃度と腎臓内でのグルコースの移動速度との関係を示したものである。

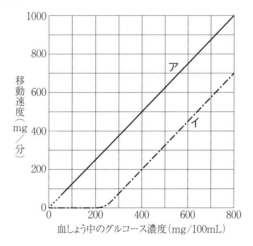

問1 下線部(a)について，腎臓1個あたりのネフロンの数として最も適当なものを，次の①～⑤のうちから一つ選べ。　| 1 |　個

① 5万　② 10万　③ 50万　④ 100万　⑤ 500万

問2　下線部(b)に関係するホルモンとしてバソプレシンがある。バソプレシンが
　　　分泌される内分泌腺と作用する部位の組合せとして最も適当なものを，次の
　　　①～⑥のうちから一つ選べ。　2

	内分泌腺	作用する部位		内分泌腺	作用する部位
①	脳下垂体前葉	細尿管	②	脳下垂体前葉	集合管
③	脳下垂体後葉	細尿管	④	脳下垂体後葉	集合管
⑤	副腎髄質	細尿管	⑥	副腎髄質	集合管

問3　図中のアとイが示すグルコースの移動速度の組合せとして最も適当なもの
　　　を，次の①～⑥のうちから一つ選べ。　3

	ア	イ
①	原尿へのろ過速度	原尿からの再吸収速度
②	原尿へのろ過速度	尿への排出速度
③	原尿からの再吸収速度	原尿へのろ過速度
④	原尿からの再吸収速度	尿への排出速度
⑤	尿への排出速度	原尿へのろ過速度
⑥	尿への排出速度	原尿からの再吸収速度

問4　図から判断して，血しょう中のグルコース濃度が$100 \sim 800$ mg/100mLの
　　　範囲における，細尿管から毛細血管へのグルコースの再吸収速度の最大値と
　　　して最も適当なものを，次の①～⑨のうちから一つ選べ。　4　mg/分

①	50	②	100	③	150	④	200	⑤	250
⑥	300	⑦	350	⑧	400	⑨	450		

第12問 次の文章を読み，下の問い（**問1・問2**）に答えよ。

　生体には，体内に侵入した病原体などの異物を非自己として認識し，排除するしくみが備わっており，これを免疫とよぶ。免疫には，生まれつき備わっている(a)自然免疫と，侵入した異物の情報をリンパ球が認識し，その情報に基づいて異物を特異的に排除する適応免疫（獲得免疫）がある。

　ABO式血液型が異なるヒトの血液を混合すると，赤血球が集まって塊状になることがあり，この反応は(b)凝集とよばれる。これは，赤血球の表面に存在する凝集原（抗原）と血しょう中に存在する凝集素（抗体）とが抗原抗体反応を起こすために生じる。

問1　下線部(a)に関連して，自然免疫に働く細胞の組合せとして最も適当なものを，次の①〜⑥のうちから一つ選べ。　| 1 |
　① マクロファージ，B細胞　　　　② B細胞，好中球
　③ 好中球，NK細胞　　　　　　　④ NK細胞，T細胞
　⑤ T細胞，B細胞　　　　　　　　⑥ T細胞，マクロファージ

問2　下線部(b)に関連して，4人のヒトP，Q，R，Sから血液を採取し，それらを有形成分と液体成分に分けて，様々な組合せで混合し，凝集の有無を調べたところ，次の表の結果が得られた。表中の＋は凝集が起こったことを，－は凝集が起こらなかったことを示している。表から判断して，ヒトP，Q，R，Sの血液型の組合せとして**可能性があるもの**を，下の①～⑨のうちから二つ選べ。ただし，解答の順序は問わない。なお，ABO式血液型以外の血液型による凝集は考えないものとする。　| 2 |　・　| 3 |

		液体成分			
		ヒトP	ヒトQ	ヒトR	ヒトS
有	ヒトP	－	－	－	－
形	ヒトQ	＋	－	－	＋
成	ヒトR	＋	＋	－	＋
分	ヒトS	＋	＋	－	－

	ヒトP	ヒトQ	ヒトR	ヒトS
①	A型	AB型	B型	O型
②	A型	O型	B型	AB型
③	A型	AB型	O型	B型
④	O型	A型	AB型	B型
⑤	O型	AB型	A型	B型
⑥	O型	B型	AB型	A型
⑦	AB型	A型	O型	B型
⑧	AB型	O型	B型	A型
⑨	AB型	B型	O型	A型

第13問　次の文章を読み，下の問い（**問1・問2**）に答えよ。

　甲状腺から分泌されるホルモンであるチロキシンは，脳下垂体前葉から分泌される甲状腺刺激ホルモン（刺激ホルモン）によって分泌量が調節されている。さらに，刺激ホルモンは視床下部から分泌される甲状腺刺激ホルモン放出ホルモン（放出ホルモン）によって分泌が調節されている。ヒトA～Fは，甲状腺，脳下垂体前葉，視床下部のいずれか1か所に異常があるためにホルモンの分泌異常が起こり，血液中のチロキシン濃度が正常値より高くなるか，あるいは低くなっている。次の表は，ヒトA～Fのこれら3種類のホルモンの血液中の濃度を調べ，正常値と比較した結果を示している。

	チロキシン	刺激ホルモン	放出ホルモン
ヒトA	低　い	低　い	低　い
ヒトB	低　い	低　い	高　い
ヒトC	低　い	高　い	高　い
ヒトD	高　い	低　い	低　い
ヒトE	高　い	高　い	低　い
ヒトF	高　い	高　い	高　い

問1　表から，チロキシンの分泌異常の主な原因を推定することができる。次の(1)・(2)に該当するヒトとして最も適当なものを，下の①～⑥のうちからそれぞれ一つずつ選べ。

(1)　甲状腺の異常によって，血液中のチロキシン濃度が正常値よりも低くなったヒト　| 1 |

(2)　脳下垂体前葉の異常によって，血液中の刺激ホルモン濃度が正常値よりも高くなったヒト　| 2 |

① ヒトA　　　② ヒトB　　　③ ヒトC
④ ヒトD　　　⑤ ヒトE　　　⑥ ヒトF

問2 ホルモンは微量で調節作用を示すので，ホルモンの分泌量が多くなり過ぎ
たり少なくなり過ぎたりすると，からだの機能がうまく働かなくなってしま
う。次の(1)～(3)のような状態が続いたとき，からだで起こることとして最も
適当なものを，下の①～⑥のうちからそれぞれ一つずつ選べ。

(1) チロキシンの分泌量が著しく増加したとき 　3　

(2) インスリンの分泌量が著しく減少したとき 　4　

(3) バソプレシンの分泌量が著しく減少したとき 　5　

① 尿量が著しく増加する。

② 尿量が著しく減少する。

③ 血糖濃度が低下しにくくなり，尿中に糖が排出される。

④ 血糖濃度が上昇しにくくなり，活動量が低下する。

⑤ 体温が上昇し，体重が減少する。

⑥ 体温が低下し，寒がりになる。

第14問　次の文章を読み，下の問い(**問1～3**)に答えよ。

　レプチンは脂肪組織で合成・分泌されるホルモンであり，間脳の(a)視床下部にあるレプチン受容体に結合すると，摂食行動を抑制する働きをもつ。

　正常なマウスでは，摂食が促進されると脂肪組織が増加し，レプチンの分泌量が増加する。また，レプチンが受容体に受容され，摂食が抑制されると脂肪組織が減少し，レプチンの分泌量が減少する。

　過食により体重が正常マウスの3～4倍になる2系統のマウス(マウスX，マウスY)が存在し，一方の系統では正常なレプチンが合成されないことにより，他方の系統ではレプチンの受容体が正常に機能しないことにより肥満になっている。これらのマウスを用いて，**実験1・2**を行った。

実験1　マウスXと正常マウスの血管を結合させ，両者の血液が行き来するようにして飼育したところ，実験前と比べてマウスXは肥満のままで体重の変化は見られなかったが，正常マウスの体重は大きく減少した。

実験2　マウスYと正常マウスの血管を**実験1**と同様に結合させて飼育したところ，実験前と比べてマウスYの体重は減少して正常マウスとほぼ同じになったが，正常マウスの体重に変化は見られなかった。

問1　下線部(a)に関して，ヒトにおいて，視床下部の細胞に受容体が存在するホルモンとして最も適当なものを，次の①～④のうちから一つ選べ。　**1**

　① グルカゴン　　　② チロキシン　　　③ バソプレシン
　④ 副腎皮質刺激ホルモン放出ホルモン

問2　マウスXとマウスYの血管を**実験1**と同様に結合させて飼育すると，実験前と比べてマウスXとマウスYの体重はそれぞれどのようになると考えられるか。**実験1・実験2**の結果から推測して，最も適当なものを，次の①～④のうちから一つ選べ。　**2**

　① マウスXとマウスYはともに肥満のままで，体重の変化は見られない。
　② マウスXは肥満のままで体重の変化は見られないが，マウスYの体重は大きく減少する。
　③ マウスXの体重は大きく減少するが，マウスYは肥満のままで体重の変化は見られない。
　④ マウスXとマウスYの体重はともに大きく減少する。

問3　過食の原因には，インスリンが関係する場合がある。インスリンが合成・
　　分泌される内分泌腺とインスリンの分泌の促進に働く自律神経の組合せとし
　　て最も適当なものを，次の①～⑧のうちから選べ。　　3

	内分泌腺	自律神経
①	すい臓ランゲルハンス島A細胞	交感神経
②	すい臓ランゲルハンス島A細胞	副交感神経
③	すい臓ランゲルハンス島B細胞	交感神経
④	すい臓ランゲルハンス島B細胞	副交感神経
⑤	副腎皮質	交感神経
⑥	副腎皮質	副交感神経
⑦	副腎髄質	交感神経
⑧	副腎髄質	副交感神経

第15問　次の文章を読み，下の問い（**問1～3**）に答えよ。

　体内に侵入した異物のうち，自然免疫で排除できなかったものに対しては適応免疫（獲得免疫）が働き，その異物を特異的に排除する。適応免疫には様々な細胞が働くが，適応免疫の特徴は，一度抗原が侵入するとその抗原の侵入によって活性化された細胞の一部が(a)記憶細胞となって体内に残り，同じ抗原が再び体内に侵入すると，記憶細胞が速やかに増殖・分化することで，強い免疫反応が起こることである。

　系統Pの4種類のマウス（B細胞とT細胞の両方が存在する正常マウス，B細胞が存在しないB欠損マウス，T細胞が存在しないT欠損マウス，B細胞とT細胞の両方が存在しないBT欠損マウス）を用いて，**実験1・2**を行った。

実験1　系統Pの3種類のマウス（X，Y，Z）に系統Qのマウスの皮膚を移植したところ，マウスXとマウスYでは10日後に移植片が脱落したが，マウスZでは移植片は生着した。

実験2　系統Pの3種類のマウス（X，Y，Z）にジフテリア菌を感染させ，2週間後にそれぞれのマウスから血清を採取した。採取した血清を系統Pの別の正常マウスにそれぞれ注射し，さらにジフテリア菌を感染させた。その結果，マウスXの血清を注射された正常マウスは，ジフテリア菌への抵抗性を示し発症しなかったが，マウスYとZの血清をそれぞれ注射された正常マウスは，ジフテリア菌への抵抗性を示さずに発症した。

問1　下線部(a)に関して，抗原の侵入によって活性化され，その一部が記憶細胞となる細胞の組合せとして最も適当なものを，次の①～⑥のうちから一つ選べ。　　1

① 樹状細胞，マクロファージ　　　② 樹状細胞，B細胞
③ 樹状細胞，T細胞　　　　　　　④ マクロファージ，B細胞
⑤ マクロファージ，T細胞　　　　⑥ B細胞，T細胞

問2　**実験1・2**の結果から，マウスX〜Zとして可能性があるマウスを過不足なく含むものを，次の①〜⑨のうちから一つずつ選べ。

マウスX　2　・マウスY　3　・マウスZ　4

① 正常マウス　　　　② B欠損マウス　　　　③ T欠損マウス

④ BT欠損マウス　　⑤ 正常マウス，B欠損マウス

⑥ 正常マウス，T欠損マウス　　　⑦ B欠損マウス，T欠損マウス

⑧ B欠損マウス，BT欠損マウス　　⑨ T欠損マウス，BT欠損マウス

問3　本来は体内に侵入した異物を攻撃して排除する免疫反応が，自分自身の正常な細胞などを攻撃することで起こる疾患を自己免疫疾患という。自己免疫疾患の例として**誤っているもの**を，次の①〜④のうちから一つ選べ。　5

① 関節リウマチ　　　② Ⅰ型糖尿病　　　③ 心筋梗塞

④ 重症筋無力症

第16問 次の文章を読み，下の問い（**問1～4**）に答えよ。

溶岩流や大規模な山崩れなどにより生じた裸地では，時間の経過に伴って植生が変化していく。この一連の変化を一次遷移という。裸地には，やがて地衣類やコケ植物，あるいは(a)草本植物などが侵入し，荒原から草原へと植生が移り変わる。その後，草原に低木が侵入して低木林となり，さらに，(b)陽樹の高木が侵入して陽樹林が形成される。やがて(c)陽樹林から陰樹林へと変化し，植生がほとんど変化しない状態である極相となる。

(d)中部地方の標高1000 mの地域において，優占種の割合が異なるX～Zの3地点に調査区を設定した。次の図は，それぞれの地点でA種とB種の胸高直径（胸の高さにおける幹の直径で，樹高にほぼ比例する）を測定し，胸高直径ごとの個体数をまとめてグラフにしたものである。

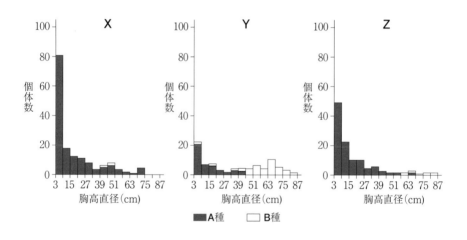

問1 下線部(a)の草本植物と，下線部(b)の陽樹の例として最も適当なものを，次の①～⑤のうちから一つずつ選べ。
草本植物 ［ 1 ］・陽樹 ［ 2 ］
① アカマツ ② カタクリ ③ シラビソ ④ ススキ ⑤ スダジイ

問2　下線部(c)について，陽樹林から陰樹林への変化には，陽樹と陰樹を比較した場合に陰樹がもつある性質が関係している。この性質として最も適当なものを，次の①〜④のうちから一つ選べ。　3

① 光補償点が低い。
② 光飽和点が高い。
③ 耐陰性が低い。
④ 乾燥に強い。

問3　下線部(d)について，この地域に分布するバイオームの名称として最も適当なものを，次の①〜④のうちから一つ選べ。　4

① 亜熱帯多雨林　　② 照葉樹林　　③ 夏緑樹林　　④ 針葉樹林

問4　図から判断して，X〜Zを遷移の進んだ地点から順に並べたものとして最も適当なものを，次の①〜⑥のうちから一つ選べ。　5

① X＞Y＞Z　　② X＞Z＞Y　　③ Y＞X＞Z
④ Y＞Z＞X　　⑤ Z＞X＞Y　　⑥ Z＞Y＞X

第17問 次の文章を読み，下の問い(問1～3)に答えよ。

　極相林において，林冠を形成する樹木が枯死したり倒れたりすると，ギャップとよばれる林冠が途切れた場所ができる。このような場所では樹木が成長して林冠が修復される。その様子を調べるために，ある森林で，これまでにギャップが形成されていない地点(ギャップ形成なし)，古い年代にギャップが形成された地点(古いギャップ)，および新しい年代にギャップが形成された地点(新しいギャップ)の3か所に調査のための区画(区画P～R)を設けた。各区画において，樹種Ⅰ～Ⅲについて(a)樹高ごとにその本数を数えたところ，次の表に示す結果が得られた。

樹高(m)	樹種	区画P	区画Q	区画R
10m以上	Ⅰ	2	0	0
	Ⅱ	0	0	0
	Ⅲ	0	0	0
1m以上 10m未満	Ⅰ	0	0	1
	Ⅱ	0	5	2
	Ⅲ	1	0	8
1m未満	Ⅰ	5	1	1
	Ⅱ	0	0	0
	Ⅲ	7	5	9

問1 下線部(a)について，このような垂直的な構造を階層構造という。階層構造が発達しているバイオームとして最も適当なものを，次の①～④のうちから一つ選べ。 1
① 熱帯多雨林　　② 針葉樹林　　③ サバンナ　　④ ステップ

問2 表について，区画**P**～**R**はいずれの地点の調査結果であると考えられるか。その組合せとして最も適当なものを，次の①～⑥のうちから一つ選べ。 2

	ギャップ形成なし	古いギャップ	新しいギャップ
①	P	Q	R
②	P	R	Q
③	Q	P	R
④	Q	R	P
⑤	R	P	Q
⑥	R	Q	P

問3 ほぼ同じ時期に形成された，数本の高木が倒れてできた大きなギャップと1本の高木が倒れてできた小さなギャップにおいて，それぞれのギャップでみられる樹種を比較した結果として最も適当なものを，次の①～④のうちから一つ選べ。 3

① 大きなギャップでは陰樹のみがみられるが，小さなギャップでは陽樹のみがみられる。

② 大きなギャップでは陰樹のみがみられるが，小さなギャップでは陽樹と陰樹の両方がみられる。

③ 大きなギャップでは陽樹と陰樹の両方がみられるが，小さなギャップでは陽樹のみがみられる。

④ 大きなギャップでは陽樹と陰樹の両方がみられるが，小さなギャップでは陰樹のみがみられる。

第18問 次の文章を読み，下の問い(**問1 ～ 4**)に答えよ。

地球上には様々な気候が存在し，気温や降水量などは，その地域の植生やそこに生息する動物に影響を与える。ある地域の植生とそこに生息する動物などを含めた生物のまとまりをバイオームという。

次の図は，気候を決定する主な要因である年平均気温と年降水量に対応した陸上のバイオームの種類を示したものである。

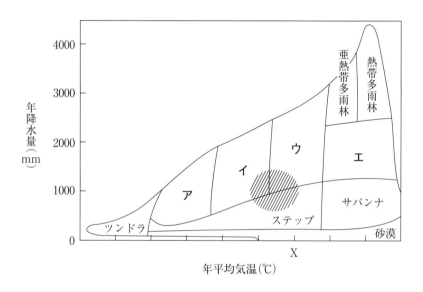

問1 図中のXにあてはまる数値として最も適当なものを，次の①～⑤のうちから一つ選べ。なお，図の横軸の1目盛りの間隔は5℃である。 | 1 |

① 10　　② 15　　③ 20　　④ 25　　⑤ 30

問2 熱帯多雨林とステップに生息する動物の組合せとして最も適当なものを，次の①〜④のうちから一つ選べ。 2

	熱帯多雨林	ステップ
①	オランウータン	シマウマ
②	オランウータン	プレーリードッグ
③	ヒグマ	シマウマ
④	ヒグマ	プレーリードッグ

問3 図の斜線部分は，ある森林のバイオームを示している。このバイオームに関する次の記述ⓐ〜ⓓのうち，正しい記述の組合せとして最も適当なものを，下の①〜④のうちから一つ選べ。 3

ⓐ 温帯のうち，夏に降水量が多く，冬の乾燥が厳しい地域に分布する。

ⓑ 温帯のうち，冬に降水量が多く，夏の乾燥が厳しい地域に分布する。

ⓒ オリーブやゲッケイジュなどが見られる。

ⓓ アコウやガジュマルなどが見られる。

① ⓐ, ⓒ　　② ⓐ, ⓓ　　③ ⓑ, ⓒ　　④ ⓑ, ⓓ

問4 図中のア〜エのバイオームのうち，1年の間で森林内の明るさが大きく変動するバイオームの組合せとして最も適当なものを，次の①〜⑥のうちから一つ選べ。 4

① ア, イ　　　② ア, ウ　　　③ ア, エ
④ イ, ウ　　　⑤ イ, エ　　　⑥ ウ, エ

第19問 次の文章を読み，下の問い(問1～4)に答えよ。

　生態系は，環境の変動などによる攪乱(かくらん)を受けてももとの状態に戻ろうとする復元力がある。しかし，生態系の復元力をこえた攪乱が起こると，(a)生物の多様性が低下する。

　生物の多様性を示す指標を数値化したものとして，(b)多様度指数(I)がある。この多様度指数は，ある地域に生息する種の頻度(P)を用いて，次の式によって求めることができる。

$$I = 1 - (P_1{}^2 + P_2{}^2 + P_3{}^2 + \cdots\cdots + P_n{}^2)$$

　なお，種の頻度とは，その地域に生息する，対象となる生物の全個体数に占めるそれぞれの種の個体数の割合である。また，多様度指数は0から1.0の範囲の値をとり，1.0に近いほど生物の多様性が高い。

　次の表は，三つの異なる島(A，B，C)に生息する鳥類(種1～種5)についてそれぞれPの値を調べたものである。ただし，表中に－で示した種はその島に生息していなかったことを示している。

	種1	種2	種3	種4	種5
島A	0.6	0.1	0.1	0.1	0.1
島B	0.3	－	0.3	0.2	0.2
島C	0.4	0.2	0.4	－	－

問1 下線部(a)について，次の生態系ⓐ～ⓓのうち，生物の多様性が極めて高いとされている生態系の組合せとして最も適当なものを，下の①～④のうちから一つ選べ。　|　1　|
　ⓐ　熱帯多雨林　　ⓑ　針葉樹林　　ⓒ　富栄養湖　　ⓓ　珊瑚礁(さんごしょう)
　①　ⓐ，ⓒ　　　②　ⓐ，ⓓ　　　③　ⓑ，ⓒ　　　④　ⓑ，ⓓ

問2 下線部(b)について，島Aにおける鳥類の多様度指数(I)として最も適当なものを，次の①～⑤のうちから一つ選べ。　|　2　|
　①　0.4　　　②　0.5　　　③　0.6　　　④　0.7　　　⑤　0.8

問3 島A～Cを鳥類の多様性が高い順に並べたものとして最も適当なものを，次の①～⑥のうちから一つ選べ。 3
① A＞B＞C ② A＞C＞B ③ B＞A＞C
④ B＞C＞A ⑤ C＞A＞B ⑥ C＞B＞A

問4 生物の多様性は様々な要因によって影響を受ける。生物の多様性に関する記述として最も適当なものを，次の①～④のうちから一つ選べ。 4
① 生態系における食物網の上位に位置する捕食者であるキーストーン種を取り除くと，生物の多様性が高くなる。
② ある生態系に捕食能力の高い外来種が侵入すると，生物の多様性が高くなる。
③ 富栄養化した海域で，水質が浄化されると，生物の多様性が低くなる。
④ 里山の雑木林で，人手が入らなくなり，枯れ枝や落葉などが搬出されなくなると，生物の多様性が低くなる。

第20問　次の文章を読み，下の問い（**問１～４**）に答えよ。

　人間の活動は生態系に様々な影響を与えている。例えば，(a)最近100年ほどの間に起きた大気中の二酸化炭素濃度の上昇は，人間の活動が主な原因であると考えられている。また，人間の活動によって生物が本来の生息場所と異なる場所に移されて定着することがあり，このような生物は(b)外来生物とよばれる。外来生物は移された場所で急激に増加して，そこに生息していた生物種を絶滅させることがある。

　生物種の絶滅は，人間の活動による道路建設や宅地開発で生態系が破壊されることでも起こる。例えば，図１に示すように，１辺の長さが1000 mの正方形の森林があったとすると，ここには 1000×1000＝1000000㎡ の森林生態系が存在すると考えられる。しかし，実際には，図２に示すように，森林の辺縁部（幅は100mとする）は外部の環境と接しており，外部環境との移行帯になっているため，本来の森林生態系は存在していない。

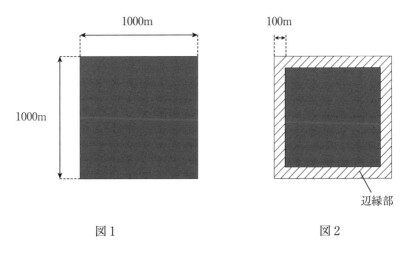

図１　　　　　　　　　　　　図２

問１　下線部(a)について，次の人間の活動ⓐ～ⓓのうち，大気中の二酸化炭素濃度を上昇させる原因の組合せとして最も適当なものを，下の①～⑥のうちから一つ選べ。　□ 1 □

ⓐ　森林の破壊　　　ⓑ　魚介類の乱獲　　　ⓒ　工業排水の放出
ⓓ　化石燃料の燃焼

① ⓐ，ⓑ　　　② ⓐ，ⓒ　　　③ ⓐ，ⓓ　　　④ ⓑ，ⓒ
⑤ ⓑ，ⓓ　　　⑥ ⓒ，ⓓ

問2　下線部(b)について，外来生物のうち，我が国の生態系や人間の生活に大きな影響を及ぼす，あるいは及ぼす可能性がある生物で，国が法律に基づいて指定した生物を特定外来生物とよぶ。特定外来生物として**誤っているもの**を，次の①～⑤のうちから一つ選べ。　2

① アライグマ　　　② アカウミガメ　　　③ オオクチバス
④ フイリマングース　⑤ グリーンアノール

問3　図1と図2に関連して，図3に示すように，この森林の中央を通る直線道路を建設する計画が持ち上がった。道路に面した部分についても100mの幅で辺縁部が生じるとすると，この道路建設によって，本来の森林生態系が存在する面積の合計は道路建設以前の何%になるか。最も適当なものを，下の①～⑤のうちから一つ選べ。ただし，道路の幅は無視してよい。　3　%

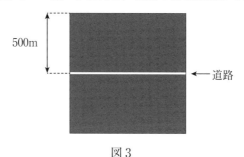

500m

←道路

図3

① 65　　　② 70　　　③ 75　　　④ 80　　　⑤ 85

問4　生物の多様性の保全を目的とした自然保護区をある一定面積で設定する場合，どのような形をした自然保護区を設定するのが望ましいと考えられるか。最も適当なものを，次の①～④のうちから一つ選べ。ただし，灰色部分の面積はすべて等しいものとする。　4

①　　　　　　　②　　　　　　　③　　　　　　　④

河合塾
SERIES

マーク式
基礎問題集

生物基礎

解答・解説編　三訂版

河合出版

◆◆◆◆◆◆ **第1部 基礎編** ◆◆◆◆◆◆

第1章 生物の特徴

1−1 顕微鏡操作

```
1 ②   2 ③   3 ①   4 ④
```

問1・2 光学顕微鏡を用いて試料を観察するときには，鏡筒内にほこりなどが入るのを防ぐために，接眼レンズ，対物レンズの順にレンズを装着する。次に，ステージにプレパラートをセットし，横から見ながら調節ねじを回して，対物レンズとプレパラートを近づけた後，接眼レンズをのぞきながら調節ねじを回して，対物レンズとプレパラートをゆっくりと遠ざけながらピントを合わせる。対物レンズとプレパラートを，近づけながらではなく，ゆっくりと遠ざけながらピントを合わせるのは，対物レンズとプレパラートが接触して破損するのを防ぐためである。

問3 一般的な光学顕微鏡では，観察される像は上下左右が逆転したもの(倒立像)である。そのため，視野の右上に見える細胞は実際には左下にあるので，この細胞を視野の中央に移動させるには，プレパラートを右上方向に動かせばよい。

問4 対物レンズを高倍率のものに変えて観察すると，視野が暗くなるので，しぼりを開いて光量を多くする必要がある。

1−2 ミクロメーター

```
1 ②   2 ③   3 ②
```

問1 接眼ミクロメーターは，接眼レンズの上方のレンズをはずし，筒内にセットする。対物ミクロメーターは顕微鏡のステージに置き，この目盛りにピントを合わせる。

図1で，対物ミクロメーター40目盛りと接眼ミクロメーター25目盛りが一致している。対物ミクロメーターの1目盛りは10μm(1/100mm)であるので，対物ミクロメーターの40目盛りの長さは $10 \times 40 = 400$ (μm)であり，接眼ミクロメーター25目盛りの長さも400μmである。したがって，接眼ミクロメーター1目盛りが示す長さは，$400 \div 25 = 16$(μm)である。

問2 図2で，細胞の長径は，接眼ミクロメーター21目盛り分であるので，$16 \times 21 = 336$(μm)となる。

問3 対物ミクロメーターの1目盛りは10μmであるが，対物レンズを高倍率のものに変えると，対物ミクロメーターの目盛りが拡大され，目盛りの間隔が大きく見えるようになる。一方，接眼ミクロメーターは接眼レンズ内にセットするので，対物レンズを高倍率のものに変えても，接眼ミクロメーターの目盛りの見え方は変化しない。

したがって，次図に示すように，対物ミクロメーターの目盛りの間隔だけが大きく見えるようになるので，接眼ミクロメーター1目盛りが示す長さは短くなる。次図の細い線は対物ミクロメーターの目盛りを，太い線は接眼ミクロメーターの目盛りを示している。

低倍率の対物レンズで観察した場合

10μm

高倍率の対物レンズで観察した場合

10μm

1-3 生物の多様性と共通性

1 ③	2 ④	3 ④	4・5 ②・③
6 ⑤	7 ①		

問1 地球上には，森林や草原，海や湖沼などの様々な環境が存在し，そこに多種多様な生物が生息している。それらの生物の中で，現在，名前がつけられている種は約190万種である。熱帯多雨林や海洋などには，未だに発見されていない生物が多数存在すると考えられており，これらの生物を含めると，地球上には1000万種以上の生物が存在していると推測されている。

問2 地球上には多種多様な生物が生息しているが，これらの生物には共通した特徴がみられる。①すべての生物のからだは，細胞を基本単位としているので，正しい。②すべての生物は，細胞内に遺伝情報としてDNAをもっているので，正しい。③すべての生物は，生殖によって，自己と同じ特徴をもつ個体をつくるので，正しい。④植物は，光エネルギーを用いて，二酸化炭素や水などの無機物からグルコースやデンプンなどの有機物を合成することができるが，動物や菌類などは，無機物から有機物を合成することができないので，誤りである。なお，すべての生物に共通してみられる特徴として，他に，「代謝を行うこと」，「体内環境を一定の範囲内に保つ働きをもつこと」などがあげられる。

問3 コイ，ハト，トカゲ，ネズミ，カエルには，「脊椎をもつ」という共通の特徴がみられる。これらの生物が「脊椎をもつ」という共通の特徴をもつのは，「脊椎をもつ共通祖先」から進化してきたためである。

脊椎をもつ5種の動物のうち，四肢をもたないのは，コイ（魚類）である。次に，四肢をもつ4種の動物のうち，幼生のときはえら呼吸を行い，成体になると肺呼吸を行うのは，カエル（両生類）である。また，えら呼吸を行わず，肺呼吸のみを行う3種の動物のうち，ハト（鳥類）とトカゲ（は虫類）では，雌親が丈夫な殻をもつ卵を産み，その卵内で個体の発生が進行するが，ネズミ（哺乳類）では，雌親の体内で個体の発生が進行する（胎生）。

1-4 細胞の発見と顕微鏡の発達

1 ③	2 ①	3 ②	4 ⑤	5 ③
6 ④	7 ③			

問1 1665年，フックは自作の顕微鏡を用いてコルク片を観察して，無数の中空の構造を発見し，細胞と名づけた。19世紀に入ると，1838年にシュライデンが植物について，1839年にシュワンが動物について，「生物のからだはすべて細胞からできている」という細胞説を提唱した。

問2 近接した2点を2点として見分けることができる最小の間隔を分解能という。光学顕微鏡の分解能は$0.2\mu m$であり，電子顕微鏡の分解能は$0.2nm$である。

問3 大腸菌の大きさは$2\sim3\mu m$であり，ミトコンドリアの大きさは$2\sim10\mu m$であるので，どちらも光学顕微鏡で観察することができる。エイズウイルスの大きさは約$100nm（0.1\mu m）$であり，光学顕微鏡の分解能よりも小さいので，電子顕微鏡でなければ観察できない。

1－5　細胞の構造と機能

1	③	2	④	3	①	4	②	5	⑤
6	⑥	7・8・9	①・③・⑤			10	⑥		
11	③	12	⑤	13	②	14	①	15	④

問1　**イ**は細胞質の最外層にあり細胞内外を仕切る細胞膜であり，**ア**は植物細胞で細胞膜の外側にみられる細胞壁である。**ウ**は植物細胞で大きく発達した液胞であり，**エ**は細胞内に1個だけ存在する球状構造の核である。ミトコンドリアは長さが1～数μmの球状または棒状の細胞小器官であり，葉緑体は直径5～10μm，厚さ2～3μmの細胞小器官で凸レンズ形や紡錘形をしているものが多い。したがって，**オ**が葉緑体であり，**カ**がミトコンドリアである。

問2　動物細胞では，細胞壁(**ア**)，発達した液胞(**ウ**)，葉緑体(**オ**)はみられない。

問3　ⓐ 呼吸に関係し，生命活動に必要なエネルギーを取り出す働きをもつのは，ミトコンドリアである。ⓑ セルロースを含み，細胞構造を保持する働きをもつのは，細胞壁である。ⓒ 光エネルギーを用いて有機物を合成する光合成を行うのは，葉緑体である。ⓓ 遺伝物質であるDNAを多量に含むのは，核である。ⓔ アントシアンなどの色素を含むのは，液胞である。ⓕ 厚さ5～10nmの膜で細胞内外の物質の出入りに関係するのは，細胞膜である。

1－6　原核細胞と真核細胞

1	①	2	③	3	②	4	②

問1　大腸菌，乳酸菌，ネンジュモ(シアノバクテリアの一種)は原核生物であり，オオカナダモは真核生物である。

問2　①原核細胞は真核細胞よりも小さいので，正しい。②真核細胞では核膜で囲まれた核内にDNAが存在するが，原核細胞には核膜がなく，DNAが細胞中に露出しているので，正しい。③原核細胞は細胞壁をもつが，真核細胞と同様に細胞膜ももつので，誤りである。④真核細胞では様々な細胞小器官が発達しているが，原核細胞は葉緑体やミトコンドリアなどの細胞小器官をもたないので，正しい。

問3　生物が，酸素を用いて有機物を分解し，生命活動に必要なエネルギーを取り出す反応を呼吸(細胞呼吸)とよぶ。呼吸は，真核細胞でも原核細胞でも，多くの細胞でみられる。生物が，光エネルギーを用いて，無機物から有機物を合成する反応を光合成とよぶ。真核細胞では，動物細胞は光合成を行わず，植物細胞のうち葉の一部の細胞が光合成を行う。原核細胞では，大腸菌や乳酸菌などは光合成を行わないが，シアノバクテリアなどの一部の細菌は光合成を行う。

1－7　ウイルス

1	②	2	②	3	⑤

問1　ウイルスは，核酸(DNAまたはRNA)と，それを包むタンパク質の殻からなる微細な粒子である。

問2　生物は遺伝情報としてDNAをもち，ウイルスは遺伝情報として核酸(DNAまたはRNA)をもつので，②が正しい。生物は細胞からなり，代謝や生殖を行う。ウイルスは，細胞構造をもたず，代謝や生殖を行わない。

問3　インフルエンザはインフルエンザウイルスによって引き起こされる感染症であり，エイズ(後天性免疫不全症候群)はエイズウ

イルス(HIV)によって引き起こされる感染
症である。結核は細菌の一種である結核菌
によって引き起こされる感染症である。

1－8　単細胞生物と多細胞生物

1 ③	2 ④	3 ⑤

問1　ミジンコとアオミドロは多細胞生物で
あり，ミドリムシとクラミドモナスは単細
胞生物である。

問2　①ゾウリムシの細胞内には大核と小核
が存在する。二つの核のうち，大核は細胞
の活動に関与し，小核は生殖に関与するの
で，正しい。②食物は細胞口から取り込ま
れるので，正しい。③食胞では，食物の消
化と吸収が行われるので，正しい。④収縮
胞は細胞内に入った水を排出するための構
造であり，ゾウリムシは体表の繊毛を用い
て運動を行うので，誤りである。

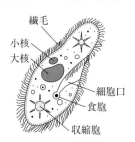

問3　多細胞生物では，同じ働きをもつ細胞
が集まって組織をつくり，いくつかの組織
が集まってまとまりのある働きを行う器官
を形成する。
　単細胞生物の中には，分裂して増殖した
一定数の細胞が集合体をつくり，一つの生
物のように生活しているものがあり，これ
を細胞群体とよぶ。オオヒゲマワリ(ボル
ボックス)は，クラミドモナスと似た細胞
が集まった細胞群体である。

1－9　植物の葉の構造

1 ⑦	2 ④	3 ①	4 ③	5 ⑥
6 ⑤	7 ②	8・9・10 ②・③・④		
11 ③				

問1　アは葉の表面を覆う組織で表皮である。
イは葉肉の表側を構成する組織でさく状組
織，ウは葉肉の裏側を構成する組織で海綿
状組織である。エは気孔を構成する孔辺細
胞であり，オは葉の表皮の表面を覆うクチ
クラ層である。カとキは，葉の維管束の部
分であり，表側のカは木部，裏側のキは師
部である。

問2　光合成は植物の葉で行われるが，葉を
構成するすべての細胞が葉緑体をもってい
るわけではない。葉緑体が含まれる細胞は，
さく状組織の細胞(イ)，海綿状組織の細胞
(ウ)，孔辺細胞(エ)である。

問3　①葉の表面にみられるクチクラ層は，
表皮細胞によってつくられる「クチン」や
「ろう」とよばれる物質からなり，植物体
の乾燥を防ぐ役割をもつので，正しい。②
問題の図からもわかるように，さく状組織
では細胞が密に分布しているが，海綿状組
織では細胞と細胞の間に大きな隙間(細胞
間隙)がみられるので，正しい。③茎や根
では，木部と師部の間に形成層とよばれる
分裂組織がみられるが，葉では，木部と師
部の間に形成層はみられないので，誤りで
ある。④双子葉植物では，孔辺細胞は葉の
裏面に多くみられるので，正しい。

1－10　植物の茎の構造

1 ⑤	2 ③	3 ②	4 ②	5 ①

問1　双子葉植物の茎では，形成層(エ)とよ

ばれる分裂組織に沿って維管束が輪状に配列している。維管束の表皮側の**ア**が師部であり，内側の**ウ**が木部である。**イ**は維管束に取り囲まれた内側の部分で，髄である。

問2　図の**エ**の部分は，茎の肥大成長に関与する形成層とよばれる分裂組織である。

　なお，単子葉植物の茎には，形成層は存在せず，維管束が散在している。

問3　師管は生きた細胞からなり，葉で合成された有機物の通路となる。道管は死んだ細胞からなり，根で吸収した水や無機塩類の通路となる。

1−11　動物の組織

1 ①　2 ④　3 ③　4 ④　5 ②
6 ①

問1　**ア**は小腸の内表面を覆う上皮組織，**イ**は血管やリンパ管とそれらを埋める組織からなる結合組織，**ウ**は筋肉組織である。

問2　骨格筋は運動神経による支配を受けているが，小腸などの消化管の筋肉は自律神経(交感神経と副交感神経)による支配を受けている。小腸の運動(ぜん動)は，副交感神経によって促進され，交感神経によって抑制される。

問3　①刺激によって生じた興奮を他の細胞に伝えるのは，神経組織である。②刺激に応じて，収縮・弛緩するのは，筋肉組織である。③体表や消化管・血管の内表面を覆っているのは，上皮組織である。④多量の細胞間物質を含み，組織と組織を結びつけたり支えたりするのは，結合組織である。

1−12　代謝とエネルギー

1 ④　2 ③　3 ④

問1　①アデノシン三リン酸(adenosine triphosphate)を略してATPとよぶ。ATPはアデノシンにリン酸が3個結合した化合物であるので，誤りである。②アデノシンは，アデニンとよばれる塩基とリボースとよばれる糖が結合したものであるので，誤りである。③ATP分子内のリン酸どうしの結合には多くのエネルギーが蓄えられており，この結合を高エネルギーリン酸結合とよぶ。アデノシンとリン酸との結合は高エネルギーリン酸結合ではないので，誤りである。④ATPが分解されると，ADP(アデノシン二リン酸，adenosine diphosphate)とリン酸が生じるので，正しい。

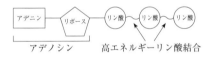

問2　ATPは生体内における「エネルギーの通貨」とよばれ，生体物質の合成，筋肉の収縮，ホタルの発光など，様々な生命活動に利用されるが，体液性免疫における抗原抗体反応にはATPは不要である。

問3　①植物は，光エネルギーをATPなどの化学エネルギーに変換し，その化学エネルギーを利用して有機物を合成するので，正しい。②植物は，自らが光合成で合成した有機物を呼吸によって分解し，その際に取り出されるエネルギーを利用してATPを合成するので，正しい。③動物は，無機物から有機物を合成することができないため，他の生物がつくった有機物を取り入れ，生命活動のエネルギー源としているので，正しい。④呼吸と燃焼は似た反応であり，ど

ちらも酸素を用いて有機物を二酸化炭素と
水にまで分解する。燃焼では有機物の分解
反応が急激に進み，化学エネルギーの大部
分が熱エネルギーや光エネルギーとして放
出されるが，呼吸では有機物が酵素によっ
て段階的に分解され，有機物がもつエネル
ギーが徐々に取り出されてATPの合成に
用いられるので，誤りである。

1-13 酵 素

1 ④	2 ④	3 ③

問1 酵素の主成分はタンパク質であり，
DNAの遺伝情報に基づいて細胞内で合成
される。酵素が作用する物質を基質といい，
酵素は特定の基質にのみ作用する。この性
質を基質特異性という。

問2 ①真核細胞の核内には，DNAの合成
（複製）に関係する酵素が含まれるので，正
しい。②真核細胞の呼吸では，ミトコンド
リアが重要な役割を果たしており，ミトコ
ンドリア内には呼吸に関係する酵素が含ま
れるので，正しい。③植物において，光合
成は葉緑体で行われ，葉緑体には光合成に
関係する酵素が含まれるので，正しい。④
酵素には，DNAの合成に関係する酵素や
呼吸・光合成などに関係する酵素のように
細胞内で働く酵素もあれば，アミラーゼな
どの消化酵素のように細胞外に分泌されて
働く酵素もあるので，誤りである。

問3 ①アミラーゼは，だ液やすい液に含ま
れる酵素で，デンプンを基質とするので，
正しい。②カタラーゼは，血液中など動植
物の様々な組織に含まれる酵素で，過酸化
水素を基質とするので，正しい。③トリプ
シンは，すい液に含まれる酵素で，脂肪で
はなく，タンパク質やポリペプチドを基質

とするので，誤りである。④ペプシンは，
胃液に含まれる酵素で，タンパク質を基質
とするので，正しい。

1-14 光合成・呼吸

1 ③	2 ④	3 ③	4 ②	5 ①

問1 真核細胞では，呼吸はミトコンドリア
で行われ，光合成は葉緑体で行われる。な
お，呼吸の一部の反応は，細胞質基質で行
われる。

問2 呼吸では，酸素を用いて，グルコース
などの有機物が二酸化炭素と水にまで分解
される過程で，生命活動に必要なエネル
ギーが取り出される。これを式で表すと，
次のようになる。

　有機物 ＋ 酸素
　　── 二酸化炭素 ＋ 水 ＋ エネルギー
　光合成では，光のエネルギーを用いて，
二酸化炭素と水からグルコースなどの有機
物が合成される過程で，酸素が発生する。
これを式で表すと，次のようになる。

　二酸化炭素 ＋ 水 ＋ 光エネルギー
　　　　　　　── 有機物 ＋ 酸素

問3 生体内で起こる化学反応全体を代謝と
よび，代謝は同化と異化に分けられる。

　単純な物質から複雑な物質を合成する過
程を同化とよぶ。同化はエネルギーを吸収
して進む反応であり，同化の例として，光
合成における糖の合成があげられる。

　複雑な物質を単純な物質に分解する過程
を異化とよぶ。異化はエネルギーを放出す
る反応であり，異化の例として，呼吸があ
げられる。

1−15　ミトコンドリアと葉緑体の起源

1 ④	2 ③	3 ①

問1　細胞内共生説では，原始的な真核細胞内に，好気性細菌(呼吸を行う細菌)が共生してミトコンドリアが生じ，シアノバクテリアが共生して葉緑体が生じたと考えられている。

問2　細胞内共生説の根拠として，ミトコンドリアと葉緑体は，核とは異なる独自のDNAをもつこと(ⓑ)，細胞内で半自律的に分裂・増殖すること(ⓒ)があげられる。また，ミトコンドリアと葉緑体が二重膜構造をもつことも共生説の根拠とされている。

問3　ミトコンドリアは動物細胞と植物細胞の両方に存在するが，葉緑体は植物細胞のみに存在する。したがって，原始的な真核細胞内に，ミトコンドリアの起源である原核生物Xのみが共生した細胞は動物細胞に，Xが共生した後に葉緑体の起源である原核生物Yが共生してXとYの両方が共生した細胞は植物細胞にそれぞれ進化したと考えられている。

第2章　遺伝子とその働き

2−1　核　酸

1 ④	2 ①	3 ②	4 ⑤

問1　DNAに含まれる糖はデオキシリボースであり，RNAに含まれる糖はリボースである。

問2　DNAに含まれる塩基は，A(アデニン)，C(シトシン)，G(グアニン)，T(チミン)の4種類であり，RNAに含まれる塩基は，A，C，G，U(ウラシル)の4種類である。

問3　DNAやRNAなどの核酸は，糖，塩基，リン酸が結合したヌクレオチドとよばれる物質が多数結合したものである。次図に示すように，DNAやRNAを構成するヌクレオチド鎖では，隣り合うヌクレオチドどうしの一方の糖と他方のリン酸が結合している。

ヌクレオチド

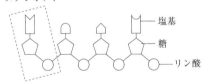

2−2　DNAの構造

1 ①	2 ③	3 ③	4 ④	5 ③

問1〜3　1950年，シャルガフは様々な生物の組織からDNAを取り出して4種類の塩基の割合を比較し，AとTの割合が等しく，CとGの割合が等しいことを明らかにした。1953年，ワトソンとクリックは，シャルガフやウィルキンスらの実験結果をもとに，DNA分子の二重らせん構造のモデルを発表した。

問4　DNA分子は2本のヌクレオチド鎖から構成されており，内側に突き出た塩基のAとT，GとCとが互いに対になるように結合して塩基対をつくり，全体にねじれてらせん状になった二重らせん構造をしている。したがって，一方のヌクレオチド鎖の塩基配列がGTACGであるとき，他方のヌクレオチド鎖の対応する部分の塩基配列はCATGCとなる。

問5　DNAの2本のヌクレオチド鎖では，AとT，GとCとがそれぞれ相補的に結合しているので，DNAに含まれるGの割合が24%であれば，Cの割合も24%であり，Aの割合とTの割合の合計は$100-24\times2=52(\%)$となる。DNAに含まれるAの割合とTの割合は等しいので，Aの割合とTの割合はどちらも$52\div2=26(\%)$である。

2－3　遺伝子とゲノム

1	②	2	②	3	①

問1　①体細胞に含まれる遺伝情報は，個体ごとに異なるので，誤りである。②ヒトの体細胞はすべて1個の受精卵の分裂によって生じたものであり，同一個体では，体細胞に含まれる遺伝情報は同じであるので，正しい。③①で解説したように，体細胞に含まれる遺伝情報は個体ごとに異なっている。ヒトの1個の体細胞において，父方から受け継いだゲノムと母方から受け継いだゲノムの各ゲノムに含まれる遺伝情報は異なるので，誤りである。④卵や精子などの配偶子がつくられる際には減数分裂が行われるので，配偶子に含まれる染色体数は半減し，ゲノムは1組だけになる。このとき，2本の相同染色体のうち，いずれか1本の染色体のみが配偶子に分配される。そのた

め，同一個体がつくる配偶子でも，配偶子ごとに染色体構成が異なり，配偶子に含まれる遺伝情報が異なるので，誤りである。

問2・3　ヒトのゲノムは約30億塩基対からなり，その中に約20000個の遺伝子が存在する。しかし，DNAのすべての塩基配列が遺伝子として働いているわけではなく，遺伝子はDNA上にとびとびに存在している。タンパク質のアミノ酸配列を指定する部分はDNAの塩基配列全体の約1.5%である。

2－4　DNAの抽出

1	⑥	2	②	3	①

問1　DNAの抽出には，DNAを多く含む魚類の精巣などを用いる。精巣にタンパク質分解酵素であるトリプシンの水溶液を加え，乳鉢中でよくすりつぶして，タンパク質を分解する。次に，食塩水を加え，100℃で4〜5分間湯せんすることでDNAを溶かす。湯せん後の液をガーゼでろ過し，ろ液を氷水中で冷却した後，あらかじめよく冷却したエタノールを静かに加えると，DNAはエタノールには溶けないので，ろ液とエタノールの境界面に白色の繊維状のDNAの沈殿が生じる。酢酸カーミンは染色体を染色する染色液である。

問2　ブロッコリーの花芽，バナナの果実，ブタの肝臓は，いずれも多数の細胞を含むので，DNAを抽出することができる。これに対して，ニワトリの卵白はタンパク質と水を主成分とする細胞外の物質であり，細胞を含まない。したがって，DNAの抽出には適さない。

問3　①真核生物のDNAは線状であるが原核生物のDNAは環状である。②ウラシル

を含むのはRNAである。③真核生物でも原核生物でもDNAは2本鎖で二重らせん構造をしている。④真核生物のDNAはヒストンとよばれるタンパク質と結合しているが，原核生物のDNAはヒストンとは結合していない。

2-5　エイブリーらの実験

1	④	2	①	3	⑤	4	③	5	⑤

問1　肺炎双球菌には，病原性があるS型菌と病原性がないR型菌がある。肺炎双球菌のR型菌をS型菌のDNAとともに培養すると，R型菌がS型菌のDNAを取り込んでS型菌に変化する。このように，細胞がDNAを取り込むことによって遺伝的な性質が変化する現象を形質転換とよぶ。

問2　エイブリーらは，問題に示した一連の実験を行い，DNAが形質転換を引き起こすことを確かめ，遺伝子の本体がDNAであることを示唆した。

実験1　熱殺菌したS型菌は増殖できない。

実験2　熱殺菌したS型菌のDNAが一部のR型菌(1%程度)に取り込まれ，R型菌がS型菌に形質転換して増殖する。残りの大部分のR型菌は形質転換せずにR型菌として増殖する。

実験3　S型菌のDNAが分解されるので，形質転換は起こらず，R型菌のみが増殖する。

実験4　タンパク質分解酵素を作用させてもS型菌のDNAは分解されないので，**実験2**と同様の結果となる。

2-6　T₂ファージの増殖

1	①	2	③	3	③

問1　DNAを物質Xで標識し，タンパク質の殻を物質Yで標識したT₂ファージが大腸菌に感染すると，DNAを大腸菌内に注入する(次図のa→b)。図のbの状態の大腸菌を遠心分離して沈殿させると，大腸菌と大腸菌に付着したT₂ファージの殻が一緒に沈殿するので，物質Xと物質Yは，ともに上澄みよりも沈殿に多く検出される。T₂ファージが感染した後に強く撹拌すると，図のcのように殻は大腸菌からはずれる。この状態で遠心分離すると，大腸菌は沈殿するが，T₂ファージの殻は大腸菌よりもはるかに小さいので沈殿しない。このため，物質Xは沈殿に多く検出されるが，物質Yは上澄みに多く検出される。

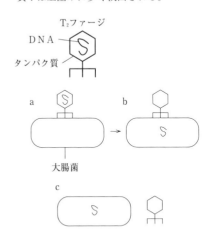

問2　問1の図cの大腸菌の菌体内でDNAが複製され，DNAの遺伝情報をもとにタンパク質の殻が合成されて，多数の子ファージが生じる。子ファージのDNAの一部には，物質Xで標識されたDNAが受け継がれるので，子ファージのDNAの一

部からは物質Xが検出される。しかし，物質Yで標識されたタンパク質は子ファージに受け継がれないので，物質Yは検出されない。

2－7　体細胞分裂

```
1 ③   2 ①   3 ③   4 ②   5 ④
```

問1　形と大きさが同じ染色体どうしを相同染色体とよぶ。相同染色体の対応する位置には対立遺伝子が存在する。相同染色体の一方は雄親に由来し，他方は雌親に由来する。

問2　アは，染色体が紡錘体の赤道面に並んでいるので，中期である。イは，核膜が消失し染色体が凝縮して太くなっているので，前期である。ウは，核膜や核小体をもつ核が明確に観察され染色体が核内に分散しているので，間期である。エは，細胞質分裂が始まっているので，終期である。オは，染色体が両極に移動しているので，後期である。

問3　体細胞分裂は，間期→前期→中期→後期→終期→間期の順に進行する。

問4　オの後期の図で，移動する染色体がそれぞれ新しい二つの核に含まれる。移動するそれぞれの染色体には2本鎖のDNAが1本ずつ含まれている。分裂後に生じる細胞の核には6本の染色体が含まれることになるので，6本の2本鎖DNAが含まれる。

問5　動物細胞ではくびれて細胞質が二分されるが，植物細胞では細胞板が形成されて細胞質が二分される。また，紡錘体は動物細胞では中心体を起点として形成されるが，被子植物の細胞には中心体がなく，紡錘体は両極から形成される。

2－8　体細胞分裂の観察

```
1 ③   2 ⑤   3 ②   4 ⑥   5 ④
6 ①
```

問1　**ア**　タマネギの根の先端部には分裂組織があり，盛（さか）んに体細胞分裂を行っている。この分裂組織を含む試料を得る。

イ　45%の酢酸に浸すことにより，タンパク質を変性させ，細胞の構造を細胞を採取したときの状態に保つことができる。この操作を固定とよぶ。

ウ　60℃の希塩酸に浸すことにより植物細胞どうしの接着をゆるめ，細胞どうしを離れやすくする。

エ　分裂組織はアで採取した試料の先端5mm以内の部位に存在しているので，体細胞分裂をしていない不要な部分を除去する。

オ　酢酸オルセインや酢酸カーミンは，核や染色体を赤く染色する染色液である。染色により，観察しやすくなる。

カ　カバーガラスの上から押さえることで，細胞を分散させて1層になるようにする。細胞の重なりをなくすことで観察しやすくなる。

問2　分裂組織では，細胞の分裂は同調しておらず，細胞周期の様々な時期の細胞が混ざっている。このため，長い時期の細胞ほど多く観察される。細胞周期の中で最も長いのは間期なので，間期の細胞が最も多く観察される。

2 − 9　体細胞分裂とDNA

1	①	2	③	3	②	4	④	5	⑦
6	②								

問1　DNAが合成されてDNA量が増加しているイがS期（DNA合成期）であり，その前のアがG₁期（DNA合成準備期），S期の後のウがG₂期（分裂準備期），続くエがM期（分裂期）である。

問2　M期が終了してから次のM期が始まるまでが間期である。間期には，G₁期，S期，G₂期が含まれる。

問3　体細胞分裂の過程では，分裂の前にDNAが複製され，複製されて生じた2分子のDNAが2個の娘細胞に1分子ずつ分配されるので，母細胞と生じた2個の娘細胞がもつDNAの遺伝情報は互いに同じになる。

2 − 10　細胞周期

1	②	2	①	3	③	4	⑦	5	②

問1　培養細胞の集団では，各細胞の分裂は同調しておらず，ある時点ではG₁期～M期までの様々な時期の細胞が混在している。このような細胞集団では，1個の細胞が分裂してから次の分裂を終えるまでの間（＝細胞周期）に，すべての細胞が1回の分裂を行うことになるので，細胞数は2倍になる。したがって，細胞周期の長さは，細胞数が2倍になるのに要する時間になる。図1で，細胞数が $5×10^4$ 個から2倍の $10×10^4$ 個になるのに，実験開始5時間後から25時間後まで20時間が経過しているので，細胞周期は20時間である。

問2　細胞周期の各時期と細胞あたりの

DNA量の関係を図示すると次のようになる。

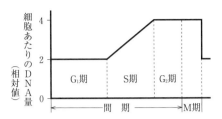

DNAは間期のS期に複製され，量が2倍になる。図2のA群の細胞のDNA量（相対値）は2であり，C群の細胞のDNA量は4であるので，A群の細胞はDNAの複製前のG₁期の細胞，C群の細胞は複製終了後のG₂期とM期の細胞を含むことがわかる。また，B群の細胞は，DNA量が2と4の中間であるので，S期の細胞とわかる。

問3　培養細胞の集団には，様々な時期の細胞が同時に存在している。この細胞集団中に含まれるある時期の細胞の割合は，細胞が細胞周期中のその時期にある確率に等しくなる。このため，ある時期の長さと観察される細胞の数は比例する。したがって，細胞周期をT，ある時期の長さをt，観察した全細胞数をN，Nの中のある時期の細胞数をnとすると，次の式が成り立つ。

$$\frac{t}{T} = \frac{n}{N}$$　これより，　$t = T × \frac{n}{N}$

この関係式を用いて，G₁期の長さを計算すると，$20 × \frac{600}{1200} = 10$ 時間となる。

2 − 11　遺伝情報の流れ

1	③	2	②	3	⑤	4	⑦	5	②
6	①	7	④	8	③	9	②	10	⑤
11	⑥								

問1　アの過程では，DNAを合成することで遺伝情報がDNAからDNAに伝わる。こ

の過程は複製である。**イ**の過程では，RNAを合成することで遺伝情報がDNAからRNAに伝わる。この過程はDNAの塩基配列がRNAの塩基配列に写し取られる転写である。**ウ**の過程では，RNAの塩基配列をもとにタンパク質が合成される。この過程は翻訳である。このように，DNA→RNA→タンパク質の一方向に遺伝情報が伝わることをセントラルドグマとよぶ。

問2　**ア**の複製では，DNAのすべての塩基配列が写し取られ，もとと同じDNAが2分子生じるが，**イ**の転写では，あるタンパク質の遺伝子となっているDNAの部分の塩基配列が写し取られてRNAが生じる。

問3　**イ**の転写で，DNAの遺伝情報(タンパク質のアミノ酸配列を指定する塩基配列)を写し取って合成されたRNAをmRNA(伝令RNA)とよぶ。mRNAの連続する3塩基の配列が1個のアミノ酸を指定する。この3塩基の配列をコドンとよぶ。**ウ**の翻訳の過程で，コドンが指定するアミノ酸をリボソーム(タンパク質を合成する構造体)に運んでくるRNAは，tRNA(転移RNA)とよばれる。tRNAは，コドンに相補的なアンチコドンとよばれる3塩基の配列をもち，tRNAの末端にはアンチコドンに対応した特定のアミノ酸が結合している。mRNAのコドンとtRNAのアンチコドンがリボソーム上で塩基対を形成することにより，コドンが指定するアミノ酸がリボソームに運ばれることになる。運ばれてきたアミノ酸は順に結合して，mRNAの塩基配列はタンパク質のアミノ酸配列に翻訳される。翻訳はmRNAの最初に現れるAUGのコドンから始まる。このコドンを開始コドンとよぶ。また，UAA，UAG，UGAの3種類のコドンには対応するアミノ酸がなく，これらのコドンが現れると翻訳が終了する。こ

れらのコドンを終止コドンとよぶ。

2－12　DNAの複製

| 1 | ④ | 2 | ④ | 3 | ① | 4 | ④ | 5 | ② |

問1　細胞が分裂する前にはDNAの複製が行われる。DNAが複製される際には，DNAの特定の部位からDNAの二重らせん構造がほどけて2本のヌクレオチド鎖が1本ずつに分かれる。それぞれのヌクレオチド鎖の塩基配列にしたがって，相補的な塩基をもつヌクレオチドが結合していき，もとのヌクレオチド鎖と新しく合成されたヌクレオチド鎖からなり，もとのDNAと同じ塩基配列をもつDNAが2分子生じる。このような複製様式を半保存的複製とよぶ。

問2　2本鎖DNAでは，アデニン(A)はチミン(T)と，グアニン(G)はシトシン(C)と相補的に結合している。**ウ**はAと相補的な塩基であるので，Tである。**オ**は複製前にはAと塩基対を形成していたので，Tである。**エ**はTである**オ**と相補的な塩基であるので，Aである。

問3　図でAが与えられている部分のすぐ上では塩基対が形成されておらず，この部分で二重らせん構造がほどけていることがわかる。この部分より図の上側では，2本のヌクレオチド鎖が塩基対を形成しており，複製がまだ行われていないと考えられる。これに対して図の下側では，塩基対を形成した2本のヌクレオチド鎖が2組見られるので，複製が終了していると考えられる。したがって，DNAの複製は図の下側から上側に進行しているので，複製の開始点は図の下側にあることになる。

2−13　転写・翻訳 1

1	②	2	⑥	3	②

問1　真核細胞では，転写は核内で行われ，翻訳は細胞質(リボソーム)で行われる。

問2　DNAの塩基配列をもとにしてmRNAが合成される場合，DNAとmRNAの対応する塩基の関係は次のようになる。

　　　DNA　　　　　　mRNA
　アデニン（A）‥‥ウラシル（U）
　チ ミ ン（T）‥‥アデニン（A）
　グアニン（G）‥‥シトシン（C）
　シトシン（C）‥‥グアニン（G）

　DNAの「TACAAG」の塩基配列に対応するmRNAの塩基配列は，「AUGUUC」である。

問3　与えられた塩基配列には24個の塩基が含まれている。mRNAの連続する3塩基で1個のアミノ酸を指定するので，24塩基では，24÷3＝8 より，最大で8個のアミノ酸が指定できる。

2−14　転写・翻訳 2

1	①	2	④	3	④	4	③

問1　mRNAのCAUに対応するDNAの塩基配列はGTAである。このGTAの配列は上側の鎖に1か所しかない。

　‥CTAGGA GTAGCGCTTAGCACGCAC‥
　‥GATCCTCATCGCGAATCGTGCGTG‥

　したがって，上側のヌクレオチド鎖が左から右に転写されることがわかる。

問2　転写される上側の塩基配列の左から5個は「CTAGG」であり，対応するmRNAの塩基配列は「GAUCC」である。

問3　mRNAの3塩基で1個のアミノ酸を

指定するので，120個のアミノ酸に対応する部分は，120×3＝360 より，360個の塩基配列になる。

問4　mRNAのCAUとその両側3個の塩基配列は，DNAの上側の塩基配列の「GGAGTAGCG」に対応する「CCUCAUCGC」である。これをアミノ酸を指定する3個の塩基配列で区切ると，CCU-CAU-CGCとなる。表からCCUはプロリン，CAUはヒスチジン，CGCはアルギニンをそれぞれ指定することがわかる。転写が進む方向と翻訳が進行する方向は一致するので，③が正解である。

2−15　タンパク質

1	③	2	⑥	3	②	4	⑤	5	①
6	④								

問1　タンパク質は多数のアミノ酸が鎖状に結合した物質である。生体のタンパク質を構成するアミノ酸は20種類である。

問2　ⓐ　筋肉の運動にはアクチンとミオシンが関係する。

　ⓑ　生体内の様々な化学反応を促進する触媒として働く酵素には，多くの種類がある。カタラーゼは過酸化水素を水と酸素に分解する反応を触媒する酵素である。

　ⓒ　皮膚や軟骨に含まれ生物の構造を支えるタンパク質はコラーゲンである。

　なお，クリスタリンは眼の水晶体を構成するタンパク質，フィブリンは血液の凝固に働くタンパク質である。

問3　①生体内のタンパク質はDNAの遺伝情報に基づいて，転写・翻訳の過程を経て合成される。②アミノ酸は，炭素原子に，水素原子，アミノ基，カルボキシ基，側鎖が結合した分子である。③アミノ酸どうし

は，一方のアミノ酸のカルボキシ基と他方のアミノ酸のアミノ基の間で，1分子の水がとれて結合する。この結合はペプチド結合とよばれる。④ポリペプチド鎖にみられる部分的な立体構造を二次構造とよぶ。二次構造には，らせん構造（αヘリックス構造）やジグザグ構造（βシート構造）がある。二重らせん構造はDNAの構造であるので，誤りである。⑤三次構造はポリペプチド鎖全体の立体構造である。⑥複数のポリペプチド鎖が組み合わさった構造を四次構造とよぶ。ヘモグロビンなどは四次構造をもつ。

2−16　発生とタンパク質

1	⑧	2	②	3	③

問1　発生過程で，細胞がその細胞に特異的なタンパク質を合成するようになり，特定の形態や機能をもつようになることを分化とよぶ。1個の受精卵から分裂によって生じた細胞は，やがて様々な細胞に分化していく。受精卵から生じた個体を構成する体細胞は，受精卵の核に含まれる全遺伝子を受け継ぐが，細胞によって異なる遺伝子が活性化されて発現するため，分化が起こる。

問2　①ランゲルハンス島A細胞で特異的に合成されるタンパク質はグルカゴンであるので，誤りである。インスリンはランゲルハンス島B細胞で特異的に合成されるタンパク質である。グルカゴンは血糖濃度を上昇させるホルモンであり，インスリンは血糖濃度を低下させるホルモンである。②リンパ球で特異的に合成されるタンパク質としては，抗体である免疫グロブリンなどがあげられる。ケラチンは皮膚の細胞で特異的に合成されるタンパク質である。したがって，誤りである。③赤血球で特異的に

合成されるタンパク質は酸素の運搬に働くヘモグロビンであるので，正しい。④筋肉細胞で特異的に合成されるタンパク質はミオシンである。アミラーゼはデンプンを分解する酵素であり，だ液腺やすい臓の細胞でつくられるので，誤りである。

2−17　核移植

1	③	2	②	3	②	4	④

問1　DNAは紫外線を吸収しやすく，紫外線を照射すると切断される。このため，紫外線を照射すると，核の多くの遺伝子が機能を失い，核の正常な働きが失われる。**実験1**では，紫外線照射によって核を不活性化し，移植した核のみが発生に働くようにしている。なお，未受精卵の核が紫外線で不活性化されずに，発生に働く可能性があるので，未受精卵の核と移植した核のどちらが発生に働くのか区別できるように，野生型（色素をもつ）の未受精卵に白色系統の幼生の核を移植する。

問2　移植した核の遺伝情報をもとに発生が進行するので，生じた幼生は，移植した核を取り出した個体と同じ白色になる。

問3　卵を提供した品種Aの核は除去されており，品種Cは発生の場である子宮を提供するだけなので，どちらも発生する胚の形質には影響しない。移植した核の遺伝情報をもとに発生が進行するので，移植に用いた核を取り出した品種Bの形質が現れる。

問4　分化した細胞の核を未受精卵に移植しても正常に発生することから，分化した細胞の核も受精卵の核と同様に，個体発生に必要なすべての遺伝子をもち，発生の途中で一部の遺伝子が失われることはないことがわかる。したがって，③は正しく，④は

誤りである。同じ核でも，移植前の小腸上皮細胞や乳腺細胞の細胞質に囲まれているときには分化した状態を維持し，移植後に未受精卵の細胞質に囲まれるようになると発生を最初から進行させるように働くので，核の働きが周囲の細胞質の影響を受けて変化することがわかる。したがって，①は正しい。受精卵から生じた細胞が受精卵と同じすべての遺伝子をもつのであれば，細胞が分化して細胞間に違いが生じる原因は，細胞によって発現する遺伝子が異なるためと考えられる。したがって，②は正しい。

2-18　だ腺染色体の観察

1	ⓐ	2	⑨	3	⑤	4	④	5	⑥
6	②	7	③

問1　ショウジョウバエやユスリカの幼虫のだ腺の細胞には通常の染色体の100～150倍の大きさの染色体（だ腺染色体）が観察される。だ腺染色体には所々に膨らみがみられ，この膨らみをパフとよぶ。メチルグリーン・ピロニン液は，DNAを青緑色に，RNAを赤桃色に染色する染色液である。だ腺染色体をメチルグリーン・ピロニン液で染色すると，パフ以外の部分は青緑色に，パフの部分は赤桃色に染色されるので，パフの部分ではRNAが合成されていることがわかる。

問2　パフの部分では，DNAの遺伝情報がmRNAに転写されている。すなわち，パフの部分の遺伝子がそのときに発現していることになる。パフができる位置や時期は発生の進行に伴って変化しているので，①は正しい。すべての時期にみられるパフと，特定の時期にのみみられるパフがあるので，②は正しく，③は誤りである。同じ時期に複数の位置にパフができているので，④は正しい。

2-19　遺伝学史

1	⑤	2	④	3	⑥	4	②	5	①
6	⑧	7	③	8	⑦	9	⑨

問1　**ア**　エンドウを用いた交配実験から遺伝の法則を発見したのはメンデルである。

イ　ミーシャーは，ヒトの傷口の膿に含まれる白血球の核からタンパク質とは異なる未知の物質を発見し，ヌクレインと名づけた。その後，ヌクレインはDNAであることが明らかとなった。

ウ　モーガンは，ショウジョウバエを用いた交配実験から，遺伝子が染色体上にあることを明らかにした。

エ　グリフィスは，肺炎双球菌のR型菌に加熱殺菌したS型菌を加えると，R型菌がS型菌に変化することを発見した。この現象は形質転換とよばれる。

オ　エイブリーらは，形質転換を引き起こす物質がDNAであることを示した。

カ　ハーシーとチェイスは，バクテリオファージを用いて遺伝子の本体がDNAであることを示した。

キ　DNA中のアデニンとチミン，グアニンとシトシンの数の比はどの生物のDNAでも等しいことを示したのはシャルガフである。この規則性をシャルガフの規則とよぶ。

ク　ウィルキンスとフランクリンは，DNAがらせん構造をとることを示すX線写真の撮影に成功した。

ケ　ワトソンとクリックは，ウィルキンスらのX線写真やシャルガフの規則をもとに，DNAの二重らせんモデルを提唱した。

第3章　ヒトの体の調節

3-1　ヒトの体液

1 ①	2 ③	3 ⑥	4・5 ②・④	
6 ①	7 ④	8 ③	9 ①	10 ②
11 ①	12 ②	13 ③	14 ①	

問1　多細胞生物の多くの細胞は体液に囲まれている。体液は細胞にとっての環境であり，体外環境に対して体内環境とよばれる。体内環境をほぼ一定に保つ性質を恒常性（ホメオスタシス）とよぶ。

問2　リンパ液は胸管から鎖骨下静脈に入り，血液と混ざり合うので，②は誤りである。血しょうの一部が毛細血管からしみ出して組織の細胞の周囲を満たしたものが組織液であるので，④は誤りである。

問3　血液は有形成分である血球と液体成分である血しょうからなり，血球には赤血球，白血球，血小板の3種類がある。3種類の血球の中で核をもつのは白血球のみであり，最も数が多いのは赤血球である。また，最も小さいのは血小板である。哺乳類の赤血球は中央部がくぼんだ円盤状をしており，内部にヘモグロビンを含み酸素の運搬を行う。白血球は生体防御に働き，食作用を示すものがある。血小板は血液の凝固に関係する因子を放出し，血液凝固に関係する。血しょうはグルコースなどの栄養物質や尿素や二酸化炭素などの老廃物を運搬する役割をもつ。

3-2　血液凝固

1 ⑤	2 ④	3 ④	4 ④	5 ③

問1　出血時には血小板が傷口に集まり，血小板などが放出する血液凝固因子が働いて繊維状のタンパク質であるフィブリンが生じる。フィブリンは血球と絡み合って血ぺいを形成し，出血を止める。

問2　アドレナリンとインスリンは，それぞれ，副腎髄質とすい臓から分泌されるホルモンである。ヘモグロビンは赤血球に含まれる酸素の運搬に働くタンパク質である。

問3　繊維状のフィブリンができると，それが赤血球などの血球成分と絡み合って血ぺいが形成される。試験管に血液を入れて放置すると血液凝固反応が起こり，沈殿の血ぺいと淡黄色の透明な上澄みである血清に分かれる。炎症反応は異物が侵入したときに起こる反応で，血ぺいが炎症反応を引き起こすことはない。

問4　血小板は血管が損傷を受けた部位に集まり，そこで血液凝固因子を放出して血液凝固反応を引き起こす。赤血球は酸素の運搬，白血球は食作用，リンパ球は免疫に働く。

問5　血管の傷は血ぺいによって出血が止まっている間に修復される。血管が修復されると，血ぺいは溶かされて取り除かれる。このしくみを線溶（フィブリン溶解）とよぶ。

3-3　心　臓

1 ⑥	2 ⑤	3 ⑦	4 ②	5 ④
6 ③	7 ①	8 ③	9 ①	10 ②
11 ④				

問1　ヒトでは，大静脈から心臓に戻った血液は，右心房（オ）→右心室（カ）→肺動脈（ア）→肺→肺静脈（ウ）→左心房（エ）→左心室（キ）→大動脈（イ）→全身の順に送られる。

問2　③右心室が血液を心臓から肺へ送り出すのに対し，左心室は血液を全身に送り出

さなければならない。このため，右心室よりも強い圧力が必要となる左心室で筋肉が厚くなっているので，誤りである。①心房が収縮するときには心室は弛緩するので，房室弁が開いて血液は心房から心室へ送られる。逆に心室が収縮するときには心房は弛緩するが，房室弁が閉じるので血液の逆流は起こらない。②・④心臓を摘出して生理食塩水に浸して置くと，しばらくの間は拍動を続ける。これは，大静脈と右心房の接続部の近くにある洞房結節が周期的に興奮するペースメーカーとしての役割をもち，その興奮が心房や心室へ伝わって収縮が起こるからである。

問3 脊椎動物の心臓の構造は次のようにまとめられる。

魚類	1心房1心室
両生類・は虫類	2心房1心室
鳥類・哺乳類	2心房2心室

3－4　循環器系

1 ③	2 ④	3 ①	4 ②	5 ③
6 ①	7 ⑤	8 ⑨	9 ⑧	10 ④

問1 全身を循環した血液がCに戻ってくるので，Cは右心房である。Dは血液を肺へ送り出しているので，右心室である。Aには肺から血液が戻ってくるので，Aは左心房である。Bは全身に血液を送り出しているので，左心室である。

問2 小腸から肝臓に血液を送る**ク**は肝門脈である。肺から心臓に血液が戻る**ア**は肺静脈，心臓から肺に血液を送る**オ**は肺動脈である。心臓から全身に血液を送る**イ**は大動脈，全身から心臓に血液が戻る**カ**は大静脈である。**ウ**は肝動脈，**キ**は肝静脈，**エ**は腎

動脈，**ケ**は腎静脈である。

問3 ⓐ・ⓑ 酸素を多く含む血液を動脈血，酸素をあまり含まない血液を静脈血とよぶ。一般に，動脈血は動脈を流れ，静脈血は静脈を流れるが，全身から心臓に戻ってきた静脈血が肺へ送られるので，肺動脈（**オ**）には静脈血が流れ，肺で酸素を取り込んだ動脈血が肺から心臓に戻ってくるので，肺静脈（**ア**）には動脈血が流れる。

ⓒ 血液が腎臓を通過する間に尿素が尿中に排出されるので，腎臓を通過した後の血液が流れる腎静脈（**ケ**）が尿素の濃度が最も低くなる。

ⓓ 食事後，小腸で吸収されたグルコースなどは肝門脈（**ク**）によって肝臓へ輸送される。

問4 動脈と静脈の間に毛細血管がある血管系を閉鎖血管系，毛細血管を欠き動脈と静脈がつながっていない血管系を開放血管系とよぶ。脊椎動物とミミズなどの環形動物の循環系は閉鎖血管系であり，昆虫やアサリなどの貝類の血管系は開放血管系である。

3－5　酸素解離曲線

1 ①	2 ⑤	3 ③	4 ⑥	5 ⑦
6 ④	7 ①	8 ④	9 ③	

問1 脊椎動物では，ヘモグロビンは赤血球に含まれる。ヘモグロビンは，肺やえらなどの呼吸器で酸素と結合して酸素ヘモグロビンとなり，組織に運ばれると酸素ヘモグロビンが酸素を離すことで，呼吸器から組織への酸素の運搬に働く。酸素濃度が高まるとヘモグロビンと酸素の結合は促進され，二酸化炭素濃度が高まると酸素ヘモグロビンは酸素を離しやすくなる。

問2　肺の二酸化炭素分圧は 40 mmHg であるので，二酸化炭素分圧が 40 mmHg の酸素解離曲線を選ぶ。次に，肺では酸素分圧が 100 mmHg であるので，選んだ酸素解離曲線の横軸が100のときの縦軸の値を読み取る（次図●）。これより，95％とわかる。同様に，組織では二酸化炭素分圧が 60 mmHg の酸素解離曲線の横軸が 40 のときの値を読み取る。これより，60％とわかる（次図■）。

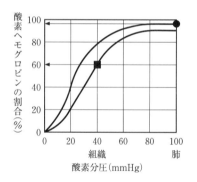

問3　問2で述べたように，組織に入る前の血液（肺と同じと考える）では95％のヘモグロビンが酸素と結合しており，組織では酸素と結合したヘモグロビンが60％に減る。したがって，95％のヘモグロビンと結合していた酸素のうち，95−60＝35％のヘモグロビンと結合していた酸素が組織でヘモグロビンから離れたことになる。したがって，35÷95×100≒36.8％になる。

問4　「最大で」は 100 ％のヘモグロビンが酸素と結合した場合を意味している。すなわち，血液 100 mL 中のすべてのヘモグロビンが酸素と結合し，そのすべてを組織に渡せば 20 mL の酸素が組織に渡されることになる。実際に組織に酸素を渡したヘモグロビンは35％であるので，20 mL×0.35＝7 mL となる。

3−6　肝臓の構造と機能

1 ②　2 ⑥　3 ①　4 ⑤　5 ⑧
6 ④　7 ④　8 ②

問1　肝臓は肝動脈，肝門脈，肝静脈の3種類の血管とつながっている。また，胆汁を分泌するための胆管もつながっている。肝臓は多数の肝小葉からなる。

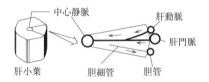

問2　肝臓の細胞では様々な化学反応が行われる。①肝細胞は解毒作用をもち，アルコールなどの毒物を分解する。②肝細胞では他の細胞と同様にグルコースを二酸化炭素と水に分解する呼吸が行われる。③肝細胞は有害なアンモニアから毒性の低い尿素を合成する。④肝臓はグルコースからグリコーゲンを合成することはできるが，二酸化炭素からグリコーゲンをつくることはできないので，誤りである。

問3　肝臓の主な働きには，古くなった赤血球に由来するヘモグロビンからのビリルビン生成，アルブミンやフィブリノーゲンなど血しょうタンパク質の合成，解毒作用，発熱量の調節，胆汁の合成がある。また，グリコーゲンの合成や分解を行うことで血糖濃度の調節で重要な役割を果たし，血流

量の調節も行う。②の尿の生成は肝臓ではなく，腎臓で行われる。

3－7　腎臓の構造と機能

| 1 ⑥ | 2 ⑧ | 3 ③ | 4 ④ | 5 ② |
| 6 ③ | 7 ⑥ | 8 ④ | | |

問1　腎臓を構成する単位であるネフロン（腎単位）は，一つの腎臓に約100万個存在する。腎単位は，毛細血管である糸球体とボーマンのうからなる腎小体（マルピーギ小体）と細尿管（腎細管）から構成される。

問2　腎臓に入った血液の血しょうの一部は，血圧によって糸球体からボーマンのうへろ過され，原尿が生成される。このとき，健康なヒトでは，タンパク質はろ過されない。表より，血しょう中に存在するが原尿中に存在しない物質bは，タンパク質である。次に，原尿中の成分のうち必要なものは，能動輸送によって細尿管から毛細血管へ再吸収され，尿が生成される。このとき，健康なヒトでは，グルコースはすべて再吸収される。表より，血しょう中や原尿中に存在するが尿中に存在しない物質aは，グルコースである。

問3　血しょう中の物質が尿になるまでにどれぐらい濃縮されたのかを示す値を濃縮率とよび，濃縮率＝$\frac{尿中濃度}{血しょう中濃度}$で示される。イヌリンは，ろ過されるが再吸収されない物質であるので，その濃縮率を用いて原尿量を求めることができ，原尿量＝尿量×イヌリンの濃縮率である。表より，イヌリンの濃縮率は$\frac{1.2}{0.01}=120$であり，1時間あたりの尿量は62.5mLであるので，$62.5×120=7500$mLと計算できる。

問4　問3より，1時間あたりの原尿量は7500mLであり，1時間あたりの尿量は

62.5mLである。原尿中や尿中に溶けている物質の体積は無視して構わないので，1時間あたりの水の再吸収量＝$7500-62.5=7437.5$mLである。再吸収率（％）＝$\frac{再吸収量}{原尿中量}×100$であるので，水の再吸収率は$\frac{7437.5}{7500}×100≒99.16≒99$％である。

7500mLの原尿中に含まれる物質cの量は$0.3×7500=2250$mgであり，62.5mLの尿中に含まれる物質cの量は$20×62.5=1250$mgである。したがって，再吸収量は$2250-1250=1000$mgであり，再吸収率＝$\frac{1000}{2250}×100≒44.44≒44$％である。なお，物質cは尿素である。

3－8　ヒトの神経系

1 ④	2 ②	3 ③	4 ①	5 ④
6 ①	7 ②	8 ③	9 ⑤	10 ①
11 ④	12 ③	13 ②	14 ⑤	

問1　ヒトの神経系は中枢神経系と末梢神経系に大別され，末梢神経系は体性神経系と自律神経系に分けられる。体性神経系には感覚神経と運動神経が含まれ，自律神経系には交感神経と副交感神経が含まれる。

問2　ヒトで最も大きく発達している**イ**は大脳である。大脳と脳下垂体の間にある**ア**は間脳である。大脳の後方の下にある**エ**は小脳である。間脳と小脳の間にある**ウ**は中脳である。中脳の下にある**オ**は延髄である。なお，**ア〜オ**は脳の各部と書かれているので，延髄の下にある脊髄は含まれない。

問3　**ア**　間脳は，自律神経系と内分泌系の中枢であり，恒常性の維持に働く。**イ**　大脳は，視覚や聴覚などの感覚，記憶，本能行動，情動行動などの中枢である。**ウ**　中脳は，眼球運動，瞳孔反射，姿勢の保持などの中枢である。**エ**　小脳は，随意運動の

調節やからだの平衡を保つ中枢である。**オ**
延髄は，呼吸運動，心臓の拍動調節，だ液
分泌などの中枢である。

3−9　脳　死

1 ②	2 ③	3 ④	4 ①

問1　ヒトの脳において，呼吸や心臓の拍動
など生命を維持するために重要な働きを調
節する機能が集まっている領域を脳幹とよ
ぶ。脳幹は中脳，間脳，延髄，(橋)から構
成されている。

問2　瞳孔拡散とは瞳孔が大きくなることで
あり，瞳孔の大きさを調節する中枢は中脳
に存在する。

問3　脳死とは，脳幹を含む脳全体の機能が
停止して回復不可能な状態をいう。このた
め，脳死の状態になると脳幹の働きである
呼吸や心臓の拍動を自力で維持できず，死
に至る。しかし，脳死の場合でも人工呼吸
器やアドレナリンなどの投与によりしばら
くは呼吸や心臓の拍動を維持できる。植物
状態(遷延性意識障害)とは，大脳の機能が
停止して意識は失われるが，脳幹の働きで
ある呼吸や心臓の拍動を自力で維持できる
状態をいう。

3−10　自律神経系

1 ④	2 ③	3 ⑤	4 ②	5 ②
6 ⑤	7 ①	8 ②		

問1　自律神経系は大脳に直接支配されない
内臓などの働きを調節しており，交感神経
と副交感神経は互いに拮抗的に働く。交感
神経は活動時，特に緊張時に働き，副交感
神経は休息時に働く。

自律神経系の働きを次表に示す。

	交感神経	副交感神経
消化管の働き	抑制	促進
心臓の拍動	促進	抑制
血圧	上昇	低下
瞳孔	拡大	縮小
立毛筋	収縮	分布せず
体表の血管	収縮	分布せず

問2　自律神経系の中枢は間脳視床下部にあ
る。また，間脳視床下部は脳下垂体などの
働きを調節することにより，内分泌系の働
きにも関係している。

問3　神経伝達物質として，交感神経の末端
からはノルアドレナリンが，副交感神経の
末端からはアセチルコリンが分泌される。

問4　①交感神経はすべて脊髄から出るので，
誤りである。②副交感神経は中脳，延髄，
脊髄から出るので，正しい。③交感神経は
興奮時に働き，副交感神経は休息時に働く
ので，誤りである。④インスリンは副交感
神経の興奮によって分泌され，グルカゴン
やアドレナリンは交感神経の興奮によって
分泌されるので，誤りである。⑤立毛筋や
体表の血管には，交感神経は分布している
が，副交感神経は分布していないので，誤
りである。

3−11　ホルモン

1 ⑦	2 ⑤	3 ③	4 ⑥	5 ⑤
6 ①	7 ④	8 ③	9 ⑦	

問1　ベイリスとスターリングは，あらかじ
めすい臓に分布する神経をすべて切断した
イヌを用いて次のような実験を行った。胃
酸(塩酸)を十二指腸に入れるとすい液の分
泌は促進されたが，あらかじめすい臓に分

布する血管をすべてしばっておき，胃酸を
十二指腸に入れるとすい液の分泌は促進さ
れなかった。また，取り出した十二指腸の
粘膜に胃酸を加えてしぼった液をすい臓に
入る血管に注射すると，すい液の分泌が促
進された。これらのことから，胃酸が十二
指腸に運ばれると，十二指腸から物質が分
泌され，それが血管によりすい臓に運ばれ
て，すい液の分泌を促進することがわかっ
た。この物質が最初に発見されたホルモン
であり，セクレチンと名づけられた。

問2　分泌物を分泌する腺組織には，排出管
（導管）をもつ外分泌腺と排出管をもたない
内分泌腺がある。外分泌腺は，排出管を通
して汗，涙，消化液などを分泌し，内分泌
腺は血管に直接ホルモンを分泌する。ある
ホルモンは，それを受容できる受容体をも
つ標的細胞だけに受容され，特定の働きを
する。脳の神経細胞にはホルモンを分泌す
るものがあり，これを神経分泌細胞とよぶ。
神経分泌細胞から分泌されるホルモンには，
間脳視床下部から分泌され，脳下垂体前葉
に作用する放出ホルモンや抑制ホルモンな
どがある。また，バソプレシンは，間脳視
床下部の神経分泌細胞で合成され，脳下垂
体後葉に貯蔵され，分泌される。

3－12　ホルモンと内分泌腺

```
1 ③    2 ④    3 ⑧    4 ②    5 ①
6 ⑥    7 ⑤    8 ③    9 ⑦   10 ⑥
11 ④   12 ⑤   13 ⑧   14 ②
```

問1・2　アは甲状腺であり，ここから分泌
されるチロキシンは呼吸などの代謝を促進
させる。イは甲状腺の裏側にある副甲状腺
であり，ここから分泌されるパラトルモン
は血液中のカルシウムイオン（Ca^{2+}）濃度を

増加させる。ウはすい臓であり，ランゲル
ハンス島B細胞から血糖濃度を減少させる
インスリンが，ランゲルハンス島A細胞か
ら血糖濃度を増加させるグルカゴンが分泌
される。エ・オは腎臓の上にあるので，副
腎である。エは髄質であり，交感神経の刺
激により髄質から分泌されるアドレナリン
は，血糖濃度を増加させる。オは皮質であ
り，皮質からは血糖濃度を増加させる糖質
コルチコイドや腎臓の細尿管でナトリウム
イオン（Na^+）の再吸収を促進する鉱質コル
チコイドが分泌される。カ・キは脳下垂体
である。脳下垂体の後側のカは後葉であり，
腎臓の集合管で水の再吸収を促進するバソ
プレシンを分泌する。脳下垂体の前側のキ
は前葉であり，甲状腺刺激ホルモン，副腎
皮質刺激ホルモン，成長ホルモンなどを分
泌する。

3－13　ホルモンの分泌調節

```
1 ⑥    2 ③    3 ④    4 ③    5 ①
```

問1　甲状腺から分泌されるホルモンZは，
代謝（生体内の化学反応）を促進するチロキ
シンである。

問2　チロキシンの分泌を促進するホルモン
Yは甲状腺刺激ホルモンであり，これが分
泌される　3　は脳下垂体前葉である。
また，甲状腺刺激ホルモンの分泌を促進す
るホルモンXは甲状腺刺激ホルモン放出ホ
ルモンであり，これが分泌される　2
は間脳視床下部である。

問3・4　血液中のチロキシンの濃度が低下
すると，それが間脳視床下部や脳下垂体で
感知され，ホルモンX（甲状腺刺激ホルモ
ン放出ホルモン）やホルモンY（甲状腺刺激
ホルモン）の分泌が促進され，増加する。

その結果，チロキシンの分泌が促進され，増加する。このように，ある作用の結果が原因に影響を及ぼすことをフィードバックとよぶ。

3－14 血糖濃度の調節

```
1 ②   2 ⑥   3 ③   4 ②   5 ④
6 ④   7 ①
```

問1 健康なヒトの血液中のグルコース濃度（血糖濃度）は，100mg/100mL，すなわちほぼ0.1％に保たれている。

問2 図1で，食事後，血糖濃度が上昇すると，ホルモンXの濃度も上昇している。これは，上昇した血糖濃度を低下させようとしてホルモンXの分泌が促進されたからである。つまり，ホルモンXは，血糖濃度を低下させるホルモンであるので，インスリンである。

問3 インスリンは，すい臓のランゲルハンス島B細胞から分泌される。すい臓にはホルモンを分泌する内分泌腺の他，すい液を分泌する外分泌腺も存在する。

問4 インスリンは，組織でのグルコースの取り込みを促進したり，肝臓でグルコースからのグリコーゲンの合成を促進することで，血糖濃度を低下させる。

問5 インスリンと逆に，血糖濃度を上昇させるホルモンにはグルカゴン，アドレナリン，糖質コルチコイドなどがある。このうち，インスリンと同じすい臓から分泌されるのは，グルカゴンである。グルカゴンはすい臓ランゲルハンス島A細胞から分泌される。

問6 健康なヒトでは，腎臓でグルコースがすべて再吸収されるので，尿中に排出されることはない。しかし，糖尿病患者では再吸収の限度を超えたグルコースが原尿中にろ過されるので，尿中にグルコースが排出される。図2・3より，糖尿病患者A・Bはともに健康なヒトよりも血糖濃度が高いが，ホルモンX（インスリン）の濃度は，糖尿病患者Aでは食後高く，一方糖尿病患者Bではずっと低いままである。この結果より，糖尿病患者Aではインスリンが分泌されるが，インスリンを受容する標的細胞がインスリンを受容できないか，受容しても反応できないことがわかる。また，糖尿病患者Bではインスリンの分泌が低下しているので，血糖濃度が低下しにくいことがわかる。

3－15 体液濃度の調節

```
1 ⓐ   2 ②   3 ⑤   4 ⑦   5 ⑥
6 ⑥   7 ⑦   8 ⑥
```

問1・2 ヒトの体液濃度の調節は，主に腎臓で行われている。体液の塩類濃度が高くなると，それを間脳視床下部が感知して，脳下垂体後葉からのバソプレシンの分泌が促進される。したがって，ホルモンXはバソプレシンである。バソプレシンの標的細胞は腎臓の集合管に存在し，バソプレシンが作用すると水の再吸収が促進される。その結果，尿量が減少し，体液の塩類濃度は低下する。また，体液の塩類濃度が低くなると，バソプレシンの分泌が抑制され，集合管での水の再吸収は減少する。その結果，尿量は増加し，体液の塩類濃度が上昇する。

3-16　体温調節

1 ③	2 ①	3 ⑤	4 ④	5 ③
6 ①	7 ⑥	8 ⑧	9 ①	

問1・2　寒冷刺激を受容した哺乳類の体内では，発熱量を増加させるために，筋肉・肝臓での代謝が促進される。代謝を促進するホルモンcはチロキシンであり，チロキシンを分泌する内分泌腺Bは甲状腺である。また，甲状腺を刺激するホルモンaは甲状腺刺激ホルモンであり，甲状腺刺激ホルモンを分泌する内分泌腺Aは脳下垂体前葉である。心臓の拍動や筋肉・肝臓の代謝を促進するホルモンeは，交感神経の刺激により内分泌腺Cの髄質から分泌されるので，ホルモンeはアドレナリンであり，内分泌腺Cは副腎である。また，副腎皮質から分泌され筋肉・肝臓の代謝を促進するホルモンdは糖質コルチコイドであり，その分泌を促進するホルモンbは副腎皮質刺激ホルモンである。

問3　哺乳類は寒冷刺激を受容すると，立毛筋を収縮させて体毛を立たせ，体表に空気の層をつくることで皮膚からの放熱量を減少させている。立毛筋には交感神経は分布しているが，副交感神経は分布していないので，②・④は誤りである。また，立毛筋は交感神経の興奮により収縮し，交感神経が興奮していなければ弛緩するので，①が正しく，③は誤りである。

3-17　生体防御

1 ④	2 ②	3 ①	4 ⑥	5 ③
6 ⑤	7 ②	8 ③		

問1　皮膚の表面には，ケラチンというタンパク質を主成分とした角質層とよばれる死細胞からなる層がある。細菌やウイルスは死細胞には感染できないので，角質は病原体などが体内に侵入するのを防いでいる。気管の表面には繊毛があり，繊毛運動により，また，せきやくしゃみにより，異物が外へ排除される。これらは物理的防御とよばれる。

　ほとんどの細菌は酸に耐性がないので，塩酸を含む強酸性の胃液により殺菌される。涙などには，細菌の細胞壁を分解するリゾチームとよばれる酵素や，細菌の細胞膜を破壊するディフェンシンなどのタンパク質が含まれており，細菌の侵入を防いでいる。これらは化学的防御とよばれる。

問2　自然免疫では，マクロファージ（単球）や好中球，樹状細胞などの食細胞が，異物を食作用により取り込み，細胞内で分解する。したがって，①・③は正しい。B細胞は適応免疫で抗体を産生する形質細胞（抗体産生細胞）に分化する細胞であり，自然免疫では働かない。したがって，②は誤りである。自然免疫は，生得的で，ほとんどすべての動物がもち，異物に対する攻撃力は，同じ異物が二度目以降に侵入した場合も一度目に侵入した場合と同じで，強くなることはない。したがって，④・⑤は正しい。

問3　適応免疫では，一度侵入した異物に対して反応したB細胞やT細胞の一部が記憶細胞として残るので，同じ異物が二度目以降に侵入した場合には，それを認識して特異的に対応する。したがって，①は正しい。侵入した抗原を樹状細胞が取り込み，ヘルパーT細胞に抗原提示し，ヘルパーT細胞がB細胞を活性化するので，②は正しい。適応免疫では，異物を取り込み，抗原提示し，B細胞やT細胞が活性化するなど，複数の過程に時間がかかるので，応答に要す

る時間は自然免疫よりも長い。したがって，③は誤りである。適応免疫には抗体を体液中に分泌する体液性免疫と，キラーT細胞が抗原を直接攻撃する細胞性免疫があるので，④は正しい。

3−18 体液性免疫

1 ⑥	2 ④	3 ⑧	4 ③	5 ①
6 ⑤	7 ⑦	8 ⑨	9 ①	10 ③

問1 外界から体内に侵入してくる病原体などの異物を抗原とよぶ。樹状細胞などの食細胞は，食作用により抗原を取り込んで分解し，その一部を樹状細胞の表面に抗原提示する。それをヘルパーT細胞が認識して増殖し，物質を分泌してその抗原を直接認識したB細胞を活性化する。活性化されたB細胞は増殖して形質細胞(抗体産生細胞)となり，抗原に特異的な抗体を産生する。抗体は免疫グロブリンとよばれるタンパク質であり，抗原と特異的に結合する抗原抗体反応を起こす。抗原抗体反応によりつくられた複合体は，マクロファージなどの食細胞により排除される。また，増殖したヘルパーT細胞とB細胞の一部は記憶細胞となり，体内に残る。

問2 図より，抗体量は弱毒化した細菌aを最初に注射した日(0日)から約20日後にピークになっており，相対値1になっている。これは，初めて侵入した抗原に対する一次応答である。40日後に，弱毒化した細菌aを再び注射した場合，細菌aに反応する記憶細胞が残っているので，最初より「速やかに」，「多量」の抗体が産生される。これは二次応答とよばれる。したがって，抗体量が注射した日(40日)から約10日後にピークになっており，相対値100になって

いる**ア**のグラフが適当である。

40日後に，弱毒化した細菌bを注射した場合，細菌aを最初に注射した場合と同様に，抗体量は注射(40日)から約20日後にピークになり，相対値1になる。これは，抗原に対する免疫記憶は特異的であり，細菌bを初めて注射した場合には，細菌aに対する免疫記憶は働かず，一次応答が起こるからである。したがって，**ウ**のグラフが適当である。

3−19 細胞性免疫

1 ③	2 ③	3 ②	4 ③	5 ③
6 ②				

問1・2 ある系統のマウスに同じ系統のマウスの皮膚片を移植すると生着する。しかし，異なる系統のマウスの皮膚片を移植すると脱落する。これは，移植を受けたマウスのキラーT細胞が，異なる系統のマウスの皮膚片を直接攻撃する細胞性免疫により，拒絶反応を起こすからである。

問3 実験1で，A系統のマウスにB系統のマウスの皮膚片を初めて移植すると，約10日で脱落した。これは，一次応答である。

実験2では，実験1と同じ処理をしたマウスに再びB系統のマウスの皮膚片を移植した。二度目以降に同じ抗原を認識すると，免疫反応は「速やかに」，「強く」起こる二次応答を示す。したがって，移植片は約10日より早い約5日で脱落する。

実験3では，実験1と同じ処理をしたマウスにB系統とは異なるC系統のマウスの皮膚片を移植した。適応免疫では，免疫反応は抗原に対して特異的に起こるので，C系統の皮膚片の移植に対してはB系統に対する免疫記憶は働かず，実験1と同様に一

次応答が起こる。したがって，移植片は約10日で脱落する。

　実験4では，実験1と同じ処理をしたマウスの血清を他のA系統のマウスに注射している。問1・2で解説したように，拒絶反応は血清に含まれる抗体によるものではなく，キラーT細胞が行うものなので，血清の注射を受けたマウスにB系統の皮膚片を初めて移植すると，実験1と同様に一次応答が起こる。したがって，移植片は約10日で脱落する。

　実験5では，実験1と同じ処理をしたマウスのリンパ球を他のA系統のマウスに注射している。リンパ球にはB系統の皮膚片に対する記憶細胞が含まれている。リンパ球の注射を受けたマウスにB系統の皮膚片を初めて移植しても，注射した記憶細胞の働きにより二次応答が起こる。したがって，移植片は約5日で脱落する。

3−20　免疫と疾患

```
1 ②    2 ⑧    3 ③    4 ④    5 ①
6 ②    7 ④
```

問1　適応免疫では，同じ抗原の二度目の侵入に対して一度目の侵入のときよりも，「速やかに」，「多量」の抗体が産生される二次応答が起こる。このため，同じ病気に二度かからない「二度なし現象」がみられる。あらかじめ，弱毒化した病原菌や毒素などのワクチンを注射しておく予防接種を行うと，発病はしないが，一度目に抗原が侵入したときと同じように，記憶細胞ができる。このため，実際の病原体が侵入すると，二次応答が起こり発病が抑制される。

　毒ヘビにかまれたときなどは，他の動物にあらかじめつくらせておいた抗体を含む血清を患者に注射し，その症状を軽減する。このような治療を血清療法とよぶ。

問2　①エイズ（AIDS）は，ヒト免疫不全ウイルス（HIV）に感染することにより，後天的に免疫不全を起こす病気であるので，誤りである。②エイズを発症すると，健康なときには感染しないような弱い病原体に感染する日和見感染を起こしやすくなるので，正しい。③ヒト免疫不全ウイルスは，ヘルパーT細胞とマクロファージに感染するので，誤りである。④エイズを発症すると，ヘルパーT細胞が破壊されるため，体液性免疫だけでなく細胞性免疫も低下するので，誤りである。

問3　アレルギーは免疫反応が過剰に起こることによる。①アレルギーのうち，ペニシリンやハチ毒などが原因となり，全身に激しい炎症反応が現れるものをアナフィラキシーとよぶので，正しい。②アレルギーを引き起こすものをアレルゲンとよぶので，正しい。③アレルギーには抗原抗体反応によるものがあるので，正しい。④花粉症などはアレルギーの一種であるが，関節リウマチや重症筋無力症は自己免疫疾患の例であるので，誤りである。

第4章　生物の多様性と生態系

4-1　森林の構造

1	④	2	③	3	⑤	4	⑥	5	⑦
6	③	7	③						

問1・2　森林の最上層で，樹木の葉が上部を覆っている部分を林冠とよび，最下層の地表面に近い部分を林床とよぶ。森林を構成する植物は種によってその高さが決まっており，最上層から最下層まで層状の構造をつくる。これを階層構造とよぶ。よく発達した森林では，最上層から，高木層，亜高木層，低木層，草本層の四つが区別できる。

問3　土壌は，岩石が風化して細かい粒状になったものに，動植物の遺体が分解されてできた有機物が混入して形成される。森林では大型の植物が生育しているため，土壌がよく発達している。地表に近い上部には落葉や落枝が堆積した層（落葉層）があり，すぐ下にはそれらが分解された有機物を含む層（腐植層），さらにその下には風化した岩石の層がある。一方，草原では層状の構造が発達せず，荒原では落葉層や腐植層はほとんどみられない。

4-2　光合成曲線

1	⑤	2	③	3	④	4	⑦	5	⑥
6	⑧	7	⑨	8	③	9	②		

問1　光の強さが0，つまり暗黒下では，植物は光合成を行わず呼吸のみを行うので，CO_2の放出だけが起こる。ある光の強さでは，光合成によるCO_2吸収量と呼吸によるCO_2放出量が等しくなり，見かけ上CO_2

の吸収も放出もみられなくなる。このときの光の強さを光補償点とよぶ。また，ある光の強さ以上では，CO_2吸収量がそれ以上増大しなくなる。このときの光の強さを光飽和点とよぶ。図から，植物Mは植物Nと比べて，呼吸速度，強光下での光合成速度，光補償点，光飽和点がいずれも高いことがわかる。植物Mは日当たりのよい環境で生育する陽生植物，植物Nは弱い光しか届かない林床でも生育する陰生植物である。

問2　植物は光補償点以上の光の強さで生育できる。植物Nの光補償点はBであり，植物Mの光補償点はCであるので，植物Nだけが生育できる光の強さの範囲はB-Cである。

問3　選択肢の植物のうち，アカマツとコナラが陽生植物（陽樹），スダジイとアラカシが陰生植物（陰樹）である。

4-3　植生の遷移

1	②	2	④	3	①	4	④	5	①
6	⑦	7	④						

問1　溶岩台地から始まる一次遷移の初期には土壌が存在しないので，まず裸地に耐乾性の強いコケ植物や地衣類が侵入する。これらの遺体が蓄積して有機物が増え，土壌が形成されて保水力が高まると，草本植物が侵入し，さらに十分な土壌が形成されて木本植物が侵入できるようになり，低木林から陽樹林を経て陰樹林へと遷移が進行する。この遷移の重要な要因は，光をめぐる競争である。陽樹林の林床では，陽樹の芽ばえは光補償点が高いので生育できないが，陰樹の芽ばえは光補償点が低く耐陰性が強いので，生育できる。そのため，陽樹林はやがて陰樹林へと変化していく。

問2　暖温帯における遷移で出現する植物を選ぶ。草原を形成するのは多年生草本のススキ、陽樹林を形成するのはアカマツ（選択肢以外では、クロマツやコナラ）、陰樹林を形成するのは照葉樹のスダジイである。

問3　①水中から始まる遷移は湿性遷移、陸上から始まる遷移は乾性遷移とよばれるので、誤りである。②溶岩台地から始まる遷移は一次遷移、休耕田から始まる遷移は二次遷移であるので、誤りである。③一次遷移は土壌の存在しない裸地から始まる遷移であるので、誤りである。④二次遷移は山火事の跡地や休耕田など土壌が存在するところから始まる遷移である。土壌形成に時間を必要とせず、土壌中に種子や地下茎が残っているため、一次遷移よりも短時間で極相に達するので、正しい。

4-4　先駆種と極相種

1	⑥	2	⓪	3	⑤	4	②	5	①
6	⑨	7	①	8	②	9	①	10	①
11	②								

問1　極相林では、林冠を構成する高木が枯れたり倒れたりして、林床に光が届く場所ができることがある。このような場所をギャップとよぶ。ギャップができると、林床で成長できずにいた陰樹の幼木が成長し、土壌中に埋まっていた陽樹の種子が発芽して成長する。このようにギャップができることで、極相林でも樹木が入れ替わり（ギャップ更新）、植物の多様性が維持される。

問2　(1)先駆種は、その次に侵入してくる種に置き換わるので、それ自身が生育している場所ではやがて生育することができなくなる。したがって、生育している場所から

遠くに種子を散布しなければならず、小さく軽い種子をつくる。

(2)極相種は、同じ種の高木が生育している場所の林床に種子を散布する。照度の低い林床で幼木が生育するためには、種子の中に大量の栄養分を蓄えておく必要があるので、種子は大きい。

(3)先駆種は強光下で生育する陽生植物であるので、成長速度が大きい。また、草本や低木であるので、寿命が短い。

(4)遷移の初期には土壌の発達が不十分であり、水分が不足するため、先駆種は乾燥への耐性がなければならない。また、栄養塩類も不足するため、窒素固定細菌を共生させているものが多い。

(5)(2)で解説したように、極相種の幼木は照度の低い林床で生育するために、陰樹であり、暗所での耐性が高い。

4-5　湖沼から始まる遷移

1	③	2	④	3	⑤	4	⑦	5	⑧
6	③	7	④	8	②	9	①	10	③
11	②								

問1　陸地から始まる遷移を乾性遷移とよぶのに対し、湖沼から始まる遷移を湿性遷移とよぶ。湖沼は土砂や植物の遺体が堆積してしだいに浅くなり、湿原を経て、しだいに乾燥化が進み草原となる。その後は乾性遷移と同じ経過をたどり、極相に達する。

問2・3　クロモやエビモのように植物体全体が水中に沈んでいる植物を沈水植物、ヒシやヒツジグサのように葉が水面に浮かんでいる植物を浮葉植物、アシやガマのように茎や葉の一部が水上に出ている植物を抽水植物とよび、この順に遷移が進む。また、ホテイアオイやウキクサなどのように、植

物体が水面に浮かんでおり，根が水底に届いていない植物を浮遊植物とよぶ。

4－6　気候とバイオーム

1 ⑥	2 ⑤	3 ①	4 ③	5 ②
6 ④	7 ⑧	8 ⑦	9 ⑤	10 ①
11 ⑧	12 ③	13 ③	14 ⑥	15 ②
16 ④	17 ⑤	18 ①		

問1　降水量が十分な地域には森林が発達する。さらに森林は気温の違いによって，熱帯に熱帯多雨林（**a**），暖温帯に照葉樹林（**b**），冷温帯に夏緑樹林（**c**），亜寒帯に針葉樹林（**d**）がそれぞれ発達する。熱帯から温帯にかけての地域で降水量が少なくなると，乾季に落葉する雨緑樹林（**e**）となり，さらに少なくなると，草本が優占する草原となる。アフリカなどにみられる熱帯草原をサバンナ（**g**），中央アジアなどにみられる温帯草原をステップ（**h**）とよぶ。降水量が非常に少ない環境や気温が非常に低い環境では荒原となる。熱帯から温帯にかけての荒原を砂漠，寒帯の荒原をツンドラとよぶ。硬葉樹林（**f**）は小さく硬い葉をつける森林で，夏に雨の少ない地域に発達する。

問2　(1)暖温帯には常緑広葉樹からなる照葉樹林が発達する。照葉樹は冬季の低温や乾燥への適応として，厚いクチクラ層で覆われた光沢のある葉をもつことが特徴である。

(2)温帯域（冷温帯）には夏緑樹林が発達する。夏緑樹は冬の厳しい寒さに対する適応として，冬季に落葉し光合成を行わないことが特徴である。

(3)サバンナもステップもイネ科の草本が優占する草原である。サバンナでは樹木が点在しているが，ステップでは樹木がほとんどみられない。

(4)亜寒帯に発達する針葉樹林は，階層構造が単純で構成する樹種も非常に少ないのが特徴である。

問3　森林の各バイオームで優占する代表的な樹種を示す。

熱帯多雨林：フタバガキ
照葉樹林：スダジイ，アラカシ，タブノキ，クスノキ
夏緑樹林：ブナ，ミズナラ，カエデ
針葉樹林：エゾマツ，トドマツ，コメツガ，シラビソ
雨緑樹林：チーク
硬葉樹林：オリーブ，コルクガシ

4－7　植物の生活形

1 ②	2 ①	3 ⑥	4 ⑤	5 ③
6 ④	7 ①	8 ②		

問1　植物は生育する環境に適した生活様式をもつが，この生活様式を反映した形態を生活形とよぶ。ツバキやクスノキなどは広く平たい葉をつける広葉樹であり，アカマツやスギなどは細く針状の葉をつける針葉樹である。また，ブナやカエデなどは冬季に葉を落とす落葉樹であり，ツバキやクスノキなどは1年を通じて葉をつけている常緑樹である。

問2　ラウンケルの生活形は，冬季や乾季などの植物の生育に適さない季節につける休眠芽の位置を基準として分類したものである。照葉樹林では地上植物の割合が高いが，これは気温と降水量が十分であれば，植物にとって高い位置に芽をつける方が光をめぐる競争に有利なためである。

気温と降水量が最もよい条件である熱帯多雨林では，地上植物の割合が最も高いと考えられる。気温の低い地域では，低温か

ら植物体を守るために，休眠芽を地表につける半地中植物や地中につける地中植物の割合が高くなる。したがって，半地中植物や地中植物の割合は，ツンドラで最も高く，夏緑樹林では，照葉樹林よりも高いと考えられる。また，降水量の少ない砂漠では，乾燥に強い種子の中に休眠芽をつける一年生植物の割合が高くなると考えられる。

4-8　水平分布

1 ⑤	2 ①	3 ⑥	4 ⑧	5 ①
6 ④	7 ②	8 ⑦	9 ⑥	10 ①
11 ③	12 ②			

問1　日本列島はどの地域でも森林が発達するのに十分な降水量（年降水量）があるので，緯度の違いによる気温（年平均気温）の違いに対応してバイオームが決まる。

問2　北海道東北部には針葉樹林（a），北海道南西部から東北地方にかけては夏緑樹林（b），関東地方から九州地方にかけては照葉樹林（c），九州南端から沖縄・南西諸島には亜熱帯多雨林（d）がそれぞれ発達する。

問3　亜熱帯多雨林で優占する樹種は，アコウ，ガジュマル，ソテツ，ヘゴなどである。
　それ以外のバイオームで優占する樹種は，**4-7** の解説を参照のこと。なお，④アカマツ，コナラは遷移の途中に出現する照葉樹林の陽樹である。

4-9　垂直分布

1 ③	2 ②	3 ①	4 ④	5 ⑥
6 ④	7 ⑤	8 ③	9 ②	10 ④
11 ①	12 ③			

問1　水平分布と同様なバイオームの変化が

低地から高地にかけてみられる。これを垂直分布とよび，高度の高い方から，高山帯（a），亜高山帯（b），山地帯（c），丘陵帯（d）に分けられる。

問2　日本の本州中部では丘陵帯は暖温帯に属するので，照葉樹林（d）が発達する。標高が高くなるにつれて，夏緑樹林（c），針葉樹林（b）と変化し，高山帯では森林が形成されず高山草原（a）となる。

問3　高山帯では高木は生育せず，低木のハイマツや多年生草本であるコマクサなどがみられる。本州の亜高山帯では針葉樹林が発達するが，北海道の丘陵帯でみられるエゾマツやトドマツは分布せず，コメツガやシラビソがみられる。

問4　森林限界は亜高山帯（b）と高山帯（a）の境界(ア)にある。**問2**で解説したように，この標高よりも高いところには高木からなる森林は発達しない。

問5　気温が上昇すると，垂直分布帯の境界線の標高は高くなる。標高が100m変化すると気温は0.6℃変化するので，気温が4.8℃上昇すると，境界線は，上へ $100 \times \dfrac{4.8}{0.6} = 800 (\text{m})$ 移動する。

4-10　暖かさの指数

| 1 ③ | 2 ② | 3 ② | 4 ⑥ |

問1　問題文中にある計算方法にしたがって，A市とB市の暖かさの指数を求める。A市については，月平均気温が5℃以上である4月から11月の各月の平均気温からそれぞれ5℃を引いた値を合計すると，次のようになる。

$$(9-5) + (14-5) + (17-5) + (21-5) + (22-5) + (18-5) + (14-5) + (8-5) = 83$$

　したがって，表1から，A市におけるバイオームは夏緑樹林とわかる。

　また，B市については，年平均気温が5℃以上である3月から12月の月に対して同様の計算を行うと，暖かさの指数は108となる。したがって，表1から，B市におけるバイオームは照葉樹林とわかる。

問2　夏緑樹林と照葉樹林で優占する樹種は，4−6問3の解説を参照のこと。

4−11　生態系の構造

1 ①	2 ⑨	3 ④	4 ④	5 ②
6 ②	7 ③	8 ①		

問1　生態系とは，生物とそれを取り巻く非生物的環境を物質の循環やエネルギーの流れによって結びつけ，一つのまとまりとしてとらえたものである。非生物的環境から無機物を取り込んで有機物を生産するAは生産者とよばれ，植物などが含まれる。生産者が生産した有機物を直接または間接的に取り込んで栄養源にする生物は消費者とよばれ，A以外の生物が含まれる。Bは植物を食べる植物食性動物で一次消費者とよばれ，Cはこの植物食性動物を食べる動物食性動物で二次消費者とよばれる。ここには描かれていないが，さらにそれを食べる大型動物は三次消費者とよばれる。消費者のうちでDは，生産者や消費者の遺体や排出物中の有機物を無機物に分解して再び生産者が利用できるようにする働きをもった生物で，分解者とよばれる。分解者には細菌（バクテリア）や菌類（キノコ・カビ）などが含まれる。

問2　A→B→Cのような生物の間でみられる，食う・食われるの関係のつながりを食物連鎖とよぶ。実際の生態系では1種類の生物は複数の種類の生物に食べられ，また1種類の生物も複数の種類の生物を食べるので，食う・食われるの関係は複雑に絡み合っている。このような関係の全体を食物網とよぶ。なお，A→B，B→Cのように2種間の関係は被食者−捕食者相互関係とよばれる。

問3　生物から環境への働きかけを環境形成作用とよぶ。例えば，光合成が行われると環境中の二酸化炭素濃度が低下し，酸素濃度が上昇することがあげられる。これに対して，環境から生物への働きかけを作用とよび，例えば，植物に光が当たると光合成が行われることなどがあげられる。また，生物どうしの関係を相互作用とよぶ。

問4　物質の循環に伴って生態系内ではエネルギーが移動している。生産者は太陽の光エネルギーを取り込み，化学エネルギーにして有機物中に蓄える。消費者が生産者を食べたり，分解者が遺体や排出物を利用すると，有機物中の化学エネルギーが生物間を移動する。このような過程で利用されたエネルギーは，最終的には熱エネルギーとなって生態系外へ流出する。このように，エネルギーは生態系の中を流れるだけで，物質のように循環することはない。

4−12　生態系のバランス

1 ②	2 ③	3 ①	4 ④	5 ③
6 ④	7 ③			

問1　光合成を行う紅藻は生産者であり，紅藻を食べるヒザラガイは一次消費者である。また，生産者であるプランクトン（植物プランクトン）を食べるフジツボは一次消費者であり，フジツボを食べるイボニシは二次消費者である。なお，ヒトデは，一次消

費者であるフジツボ以外にも二次消費者であるイボニシも食べるので，二次消費者であり三次消費者でもある。

問2　同じ生物を食べる2種間では食物をめぐる争いが起こるので，図から異なる生物を餌としている2種を選べばよい。①ヒザラガイとカサガイはともに紅藻を餌としており，②ヒトデとイボニシはともにフジツボとイガイを餌としており，③フジツボとカメノテはともにプランクトンを餌としている。これに対して，④フジツボはプランクトンを，カサガイは紅藻を，それぞれ餌としているので，この2種間では食物をめぐる争いは起こらない。

問3　①ヒザラガイとカサガイがいなくなったのは，両種の食物をめぐる争いが原因ではなく，紅藻の個体数の激減によって両種の食物そのものがなくなったためであるので，誤りである。②ヒトデを除去した際にフジツボの個体数が増加したのは，イボニシによる捕食ではなく，ヒトデによる捕食がなくなったためと考えられるので，誤りである。③上位の捕食者であるヒトデを除去した際に，ヒトデに捕食されない紅藻の個体数が激減しているので，正しい。これは，ヒトデに捕食されなくなったイガイが増えて，紅藻の生活場所を奪ったためであると考えられる。④上位の捕食者であるヒトデが存在した場合に比べて，存在しない場合の方が生物相は単純になるので，誤りである。

問4　ヒトデのように，ある生態系における生物相の中で食物連鎖の上位に位置し，他の生物の生活に大きな影響を与える種をキーストーン種とよぶ。

問5　ヒトデは主に動物であるフジツボやイガイを食べ，紅藻を食べることはないが，ヒトデを除去すると，ヒトデに捕食されな

くなったヒザラガイやカサガイの個体数が増加し，その結果，それらに食べられて紅藻の個体数が激減する。このようにある生物の存在が，その生物と直接捕食・被食関係でつながった2種以外の生物にも影響を及ぼすことがあり，これを間接効果とよぶ。

4-13　地球温暖化

1 ⑥　2 ②　3 ④　4 ⑤　5 ⑦
6 ①　7 ③　8 ②

問1　太陽から地球に届く光エネルギーは地表で熱エネルギー(赤外線)となり，地表から宇宙空間に放出される。二酸化炭素や家畜などのし尿から出るメタン，オゾン層を破壊するフロンなどは，地表から放出された赤外線を吸収して，再び地表に放出するため大気や地表の温度の上昇をもたらす。このような現象を温室効果とよび，温室効果をもたらす気体を総称して温室効果ガスとよぶ。近年，地球の気温が上昇しているが，石炭や石油などの化石燃料の大量消費による二酸化炭素の増加がその主な原因と考えられている。地球の温暖化によって，海面上昇や異常気象，それに伴う生物の絶滅などが懸念されている。

問2　1年の間にみられる二酸化炭素の増減の原因は，光合成速度の季節変化である。日本(岩手県)は四季がはっきりしており，3地点の中では気温の年間の変動が最も大きいので，地点Aと考えられる。南極はほとんど植物が生育していないので，地点Cと考えられる。

問3　光合成が活発に行われるのは春から夏にかけてであり，光合成が活発に行われると二酸化炭素の吸収量が排出量よりも多くなるので，二酸化炭素濃度が低下する。

4 − 14　湖沼の変化

1 ①	2 ①	3 ①	4 ⑤	5 ④

問1　1910年には貧栄養湖であったこの湖は，地域開発によって，人家や農耕地から窒素やリンを含む栄養塩類が大量に流入し，1970年には富栄養湖になったと考えられる。貧栄養湖は表層部から湖底部まで溶存酸素量がほぼ同じであるが，富栄養湖では表層部で溶存酸素量が多く湖底部ではほぼ0になる。したがって，貧栄養湖の曲線Aが該当する。

問2　補償深度とは光合成速度と呼吸速度が等しくなる深さである。貧栄養湖は透明度が高いので，水深が深いところにも光が十分に届き光合成が行われるが，富栄養湖は透明度が低下するので，水中照度が低下し水深が深いところでは光合成が行えなくなる。したがって，補償深度は貧栄養湖で深く，富栄養湖で浅くなる。

問3　曲線Cは富栄養湖であり，栄養塩類が大量に存在するため，光が十分な表層部では生産者である植物プランクトンが大増殖して盛んに光合成を行っている。これが，表層部で溶存酸素量が多くなる理由である。表層部で大増殖した生産者の遺体や，生産者を餌とする一次消費者の遺体は湖底部に蓄積し，分解者がこれを利用して増殖する。分解者は呼吸により有機物を分解し，酸素を消費している。これが，湖底部で溶存酸素量が少なくなる理由である。

問4　問1で述べたように，この湖は1910年には貧栄養湖であったものが，1970年には富栄養湖になっている。このような変化を富栄養化とよぶ。富栄養化が進んだ湖沼では，アオコなどの特定の植物プランクトンのみが大増殖して水面が緑色になる。この

ような現象を水の華とよぶ。また，内海で富栄養化が進むと，特定のプランクトンが大増殖して水面が赤色になる。このような現象を赤潮とよぶ。

4 − 15　植物プランクトンの季節変動

1 ②	2 ③	3 ⑧	4 ⑤	5 ⑨

問1　生産者である植物プランクトンは，光合成により二酸化炭素から有機物を生産することができる。しかし，DNAやATPの材料となるP(リン酸塩)や，タンパク質やDNA，ATPの材料となるN(硝酸塩)が不足すると増殖することができない。

問2　植物プランクトンは光が十分な表層部で光合成を行うが，植物プランクトンが増殖するためには，底層部で生じた栄養塩類が表層部に運ばれてこなければならない。これには水の鉛直混合が起こる必要がある。冬や夏には表層水が軽く深層水が重いので鉛直混合は起こらないが，春や秋には表層水と深層水の水温がほぼ等しくなり重さが同じになると，風などの働きにより鉛直混合が起こる。

4 − 16　汚染物質の蓄積

1 ①	2 ④	3 ⑥	4 ⑤	5 ②
6 ③				

問1　生産者，消費者，分解者からなる全生物とそれを取り巻く光，水，土壌，大気などの非生物的環境を合わせて生態系とよぶ。DDTやPCBなどの有機塩素化合物や有機水銀は分解されにくく，体内では脂肪に蓄積して排出されにくい。そのため，ひとたび生態系に持ち込まれると，食物連鎖を通

じて上位の栄養段階の生物に，より高濃度で蓄積される。この現象を生物濃縮とよぶ。

問2　$0.01 \div 0.0002 = 50$（倍）

問3　問題文に記されているように，1 ppmは100万分の1である。1 g = 1000 mgであるので，イワシの体内でのPCBの濃度（ppm）は次のように表すことができる。

$$1 \div (250 \times 1000) \times 10^6 = 4 \ (ppm)$$

4-17　河川の生態系

```
1 ③   2 ⑨   3 ①   4 ⑧   5 ⑥
6 ④   7 ②   8 ①   9 ③
```

問1　図2において，汚水流入地点から下流にかけての水中に含まれる物質の濃度の変化に注目する。有機物は細菌などの分解者により分解されてしだいに濃度が低下し，下流ではNH_4^+の濃度が上昇している。O_2の濃度は，汚水流入地点では急激に低下しているが，これは分解者である細菌が流入してきた有機物を分解する際，O_2を消費したことによる。その後，O_2の濃度はしだいに上昇するが，これは藻類などの生産者が増加し光合成を行ったことによると考えられる。このように河川に生息する生物の働きによって，汚水流入地点からある程度下流では，河川の水質は汚水流入前の状態に戻っていく。このような作用を自然浄化とよぶ。

問2　問1の解説から，Aは分解者である細菌類であり，Bは細菌を捕食する原生動物である。また，Cは生産者である緑藻であり，Dは水質が浄化されてもとの状態に戻った環境に生息する清水性昆虫である。

4-18　外来生物の侵入と在来種の絶滅

```
1 ⑤   2 ①   3 ⑥   4 ②   5 ⑤
6 ②
```

問1　外来生物とは，人間の活動によって本来の生息地から別の場所へ運ばれ，そこに定着した生物をさす。これに対して，本来の生息地に生育する生物を在来種とよぶ。ある特定の地域のみに生息する種を固有種とよぶが，固有種の中には様々な原因によって絶滅の危機にある種（絶滅危惧種）が多い。外来生物のうち生態系や産業に大きな影響を及ぼす生物は特定外来生物に指定され，飼育や栽培，輸入などの取り扱いが禁止されている。

問2　特定外来生物として多数の種が指定されているが，釣りの対象魚として日本各地の湖沼に放流されたオオクチバス（A種）や，ハブの駆除のために移入されたフイリマングース（B種）が有名である。オオクチバスは幅広い食性をもつ動物食性の淡水魚で，多くの貴重な在来種を激減させている。フイリマングースは沖縄本島ではヤンバルクイナなどの固有種を，奄美大島ではアマミノクロウサギなどの固有種を捕食していることが明らかになっている。

問3　外来種であるタイワンザルが在来種であるニホンザルと交雑すると，ニホンザルの集団の中に異種の遺伝子が広まり，遺伝的な純粋性が失われることになる。これを遺伝子汚染（遺伝的攪乱）とよぶ。これ以外の選択肢は，外来種によって在来種が減少し絶滅する可能性を示した例である。

4-19　生態系サービス

| 1 ② | 2 ③ | 3 ① | 4 ④ | 5 ② |

問1　人が生態系から受ける様々な恵みを生態系サービスといい，基盤サービス，供給サービス，調整サービス，文化的サービスの四つに分けられる。基盤サービスは，生物の生存基盤を提供して他のサービスを支えるものであり，②光合成による酸素の放出の他，土壌の形成や水の循環などがある。供給サービスは，有用な資源の供給により人の暮らしを支えるもので，③医薬品の開発の他，木材や食料の提供などがある。調整サービスは，人の安全な生活を維持するもので，①地盤の保水力を高めて洪水を防止する他，気候の調整や水質の浄化などがある。文化的サービスは，豊かな文化を育てる環境を提供するもので，④美しい景観の提供の他，登山や海水浴，キャンプなどレクリエーションの機会の提供も含まれる。

問2　里山とは，人里近くにあり，人によって管理・維持されてきた森林や草地などの地域一帯をさす。里山の雑木林では，クヌギやコナラ，アカマツなどの陽樹を伐採して燃料用の薪をつくり落葉などを堆肥づくりに利用することにより，陽樹林から陰樹林への遷移の進行が抑えられてきた。したがって，②が誤りであり，①・③は正しい。里山でキャンプを楽しむことは生態系サービスに含まれるので，④は正しい。

◆◆◆◆◆◆◆◆ **第2部　実戦編** ◆◆◆◆◆◆◆◆

第1問　細胞の構造

1 ③	2 ④	3 ③

問1　核，細胞壁，葉緑体のうち，マウスの肝細胞に存在するのは核のみであるので，Qは核である。また，ツバキの葉の細胞，大腸菌の細胞，酵母の細胞のうち，葉緑体はツバキの葉の細胞にのみ存在するので，Rは葉緑体である。したがって，Pは細胞壁であり，ツバキの葉の細胞，大腸菌の細胞，酵母の細胞に存在する。

問2　ツバキの葉の細胞には，細胞壁（P），核（Q），葉緑体（R）がすべて存在するので，イはツバキの葉の細胞である。原核生物である大腸菌の細胞には，細胞壁（P）は存在するが，核（Q）と葉緑体（R）は存在しないので，アは大腸菌の細胞である。酵母の細胞には，細胞壁（P）と核（Q）は存在するが，葉緑体（R）は存在しないので，ウは酵母の細胞である。

問3　真核生物である，マウス，ツバキ（イ），酵母（ウ）の細胞にはミトコンドリアが存在するが，原核生物である大腸菌（ア）の細胞にはミトコンドリアは存在しないので，③が正しい。

第2問　酵素の実験

1 ③	2 ⑤	3・4 ②・⑤

問1　過酸化水素を分解する酵素はカタラーゼである。カタラーゼの働きで，次式のように過酸化水素が分解され，酸素が発生する。

$$2H_2O_2 \longrightarrow 2H_2O + O_2$$

問2　カタラーゼは，動物の組織だけでなく，ダイコンの根のような植物の組織にも含まれている。また，過酸化水素の分解は，生体触媒であるカタラーゼだけでなく，酸化マンガン（IV）のような無機触媒によっても促進されるが，石英砂には触媒作用はない。

問3　試験管にブタの肝臓片1gを入れた後，3％過酸化水素水を2mL加えたところ，しばらくの間気体が発生したが，やがて気体の発生が停止した。気体の発生が停止した理由として，①「ブタの肝臓片に含まれるカタラーゼの活性が失われた」，②「試験管内の過酸化水素がすべて分解された」の二つの可能性が考えられるが，ここでは「気体の発生が停止したのは，試験管内の過酸化水素がすべて分解されたためである」という仮説を立てている。この仮説が正しければ，気体の発生が停止した試験管に，新たに新鮮なブタの肝臓片を加えても気体は発生しないはずであり，新たに3％過酸化水素水を加えると，再び気体が発生するはずである。したがって，②と⑤が正しい。なお，ブタの肝臓片を煮沸すると，肝臓片に含まれるカタラーゼなどの酵素は活性を失ってしまうので，気体の発生が停止した試験管に，煮沸したブタの肝臓片を新たに加えても気体は発生せず，「気体の発生が停止したのは，試験管内の過酸化水素がすべて分解されたためである」という仮説が正しいかどうかを判断することはできない。

第3問　光合成の実験

1 ②	2 ④	3 ①

問1　処理Ⅱで，アジサイの葉を湯せんで温めたエタノールに浸したのは，葉に存在するクロロフィルなどの光合成色素を抽出し

て，葉を脱色するためである。アジサイの
葉をヨウ素溶液に浸したとき，クロロフィ
ルなどが存在する緑色の葉のままでは，**処
理Ⅲ**でヨウ素溶液によって青紫色に染まっ
ているかどうかを確認しづらいので，あら
かじめ葉を脱色しておく必要がある。

問２　**処理Ⅲ**で用いられているヨウ素溶液は，
デンプンの検出に用いられる試薬であり，
デンプンが存在すると青紫色に染まる。

問３　**処理Ⅱ**によって，アジサイの葉は脱色
され白くなっている。アルミニウム箔で覆
われていた部分(被覆部)では，光が当たら
ないので光合成が行われておらず，デンプ
ンは合成されていない。したがって，**処理
Ⅲ**でヨウ素溶液に浸しても被覆部は白色の
ままである。一方，アルミニウム箔で覆わ
れていなかった部分(非被覆部)では，光が
当たって光合成が行われており，デンプン
が合成されている。したがって，ヨウ素溶
液に浸すと非被覆部は青紫色に染まる。

第４問　核酸の構造

1 ①	2 ③	3 ②	4 ④	5 ⑤

問１　DNAに含まれる塩基は，A(アデニン)，
C(シトシン)，G(グアニン)，T(チミン)
の４種類であり，RNAに含まれる塩基は，
A，C，G，U(ウラシル)の４種類である。
　ウイルス**ア**と**ウ**は，核酸にTが含まれて
いることから，遺伝情報としてDNAをも
つウイルスであることがわかる。２本鎖
DNAでは，AとT，CとGがそれぞれ相補
的に塩基対を形成しているので，DNAに
含まれるAの数の割合とTの数の割合は等
しく，また，Cの数の割合とGの数の割合
は等しくなっている。したがって，ウイル
ス**ウ**は２本鎖構造のDNAをもち，ウイル

ス**ア**は１本鎖構造のDNAをもつことがわ
かる。
　ウイルス**イ**と**エ**は，核酸にUが含まれて
いることから，遺伝情報としてRNAをも
つウイルスであることがわかる。DNAの
塩基配列がmRNAに転写される際，DNA
とmRNAの対応する塩基の関係は次のよ
うになる。

DNA	A	C	G	T
	|	|	|	|
mRNA	U	G	C	A

　これを参考にして考えると，２本鎖
RNAでは，AとU，CとGがそれぞれ相補
的に塩基対を形成しており，RNAに含ま
れるAの数の割合とUの数の割合は等しく，
また，Cの数の割合とGの数の割合は等し
くなっていると考えられる。したがって，
ウイルス**エ**は２本鎖構造のRNAをもち，
ウイルス**イ**は１本鎖構造のRNAをもつこ
とがわかる。

問２　ウイルス**オ**は，核酸にTが含まれてい
ることから，遺伝情報としてDNAをもつ
ウイルスであることがわかる。２本鎖
DNAでは，AとT，CとGがそれぞれ塩基
対を形成しており，ウイルス**オ**の核酸では
「Tの数の割合はGの数の割合の２倍で
あった」とあるので，ウイルス**オ**の２本鎖
DNAに含まれるGの数をxとすると，C
の数はx，AとTの数はそれぞれ$2x$と表さ
れる。したがって，ウイルス**オ**がもつ２本
鎖DNAに含まれるAの数の割合は，

$$\frac{2x}{x+x+2x+2x} \times 100 = \frac{2x}{6x} \times 100 ≒ 33.3(\%)$$

となる。

第5問　遺伝子に関する計算問題

1	②	2	⑥	3	⑧	4	②

問1　DNAの10塩基対の長さは $3.4\,\mathrm{nm}=3.4\times10^{-6}\,\mathrm{mm}$ であるので、460万（4.6×10^6）塩基対の長さを $x(\mathrm{mm})$ とすると、次式が成り立つ。

$$x=\frac{3.4\times10^{-6}\times4.6\times10^{6}}{10}=1.564$$

これより、$x\fallingdotseq1.6(\mathrm{mm})$ となる。

問2　問題文に「ヒトの体内で合成されるタンパク質の平均分子量が90000であり、タンパク質を構成するアミノ酸の平均分子量が120である」とあるので、1個のタンパク質は平均して、$90000\div120=750$ 個のアミノ酸からなることがわかる。翻訳の際に、mRNAの連続する3個の塩基（コドン）によって1個のアミノ酸が指定されるので、750個のアミノ酸の配列を指定するために必要な塩基対の数は、$750\times3=2250$ 個である。問題文に「1個の遺伝子からは1種類のタンパク質が合成されるものとする」とあるので、1個の遺伝子から合成されるタンパク質のアミノ酸配列は2250個の塩基対によって指定されることになる。問題文に「約30億塩基対からなるヒトのゲノムの中には約20000個の遺伝子が存在し」とあるので、ヒトのゲノム（30億＝3×10^9塩基対）のうち、「遺伝子の領域」が占める割合は、$\dfrac{2250\times20000}{3\times10^9}\times100=1.5(\%)$ である。

第6問　半保存的複製の証明

1	③	2	②	3	⑦	4	④	5	⑨
6	⑧								

問1　通常の窒素（^{14}N）と重い窒素（^{15}N）を用いてDNAの複製様式を解明したのはメセルソンとスタールである。

問2　^{14}Nのみを含む培地で長時間培養した大腸菌のDNAは、窒素として ^{14}N のみを含む（^{14}N-DNA）。^{15}N のみを含む培地で長時間培養した大腸菌のDNAは窒素として ^{15}N のみを含む（^{15}N-DNA）。遠心分離を行うと、DNAは重いほど遠心チューブの底に近い部位に集まる。次図のヌクレオチド鎖の黒い部分は窒素として ^{15}N のみを含み、白い部分は ^{14}N のみを含むとして考える。E_1 のDNAは、もとのDNAが ^{15}N-DNA であり、新しく合成されたヌクレオチド鎖は ^{14}N のみを含むので、三つの仮説での E_1 のDNAは次図のようになる。

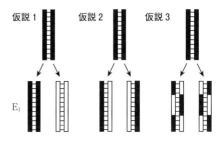

この図から、**仮説1**では、E_1 のDNAは ^{14}N-DNA と ^{15}N-DNA の2種類が生じるので、^{14}N-DNA はAの位置に、^{15}N-DNA はCの位置にそれぞれ検出されると予想される。**仮説2**と**仮説3**では、E_1 のDNAはDNAの半分が重いヌクレオチド鎖で半分が軽いヌクレオチド鎖からなるものになる。このDNAの重さは ^{14}N-DNA と ^{15}N-DNA の中間になると考えられるので、Bの位置に検出されると予想される。実際の実験ではBの位置のみに E_1 のDNAは検出されたので、**仮説1**は否定された。**仮説2**と**仮説3**における E_2 のDNAは次図のようになる。

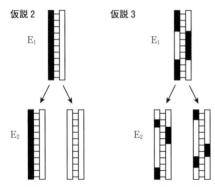

仮説2では，重いヌクレオチド鎖を鋳型として合成されたE₂はE₁と同じ重さのDNAとなり，軽いヌクレオチド鎖を鋳型として合成されたE₂は^{14}N-DNAとなる。したがって，E₂ではAとBの位置にDNAが検出される。仮説3では，重いヌクレオチド鎖がE₂の2分子に分配されるので，E₂に含まれる重いヌクレオチド鎖の割合はE₁の半分になり，E₁よりも軽くなる。したがって，E₂ではAとBの中間の位置にDNAが検出されると予想される。実際にはAとBの位置にDNAが検出されたので，**仮説3**が否定され，**仮説2**が正しいことが証明された。

第7問　遺伝暗号の解読

1 ①	2 ④	3 ⑥	4 ③	5 ①
6 ②	7 ④			

問1　RNAに含まれる塩基は，U，C，A，Gの4種類である。したがって，1塩基で指定できるアミノ酸は4種類，2塩基の配列は $4 \times 4 = 16$ 種類できるので，指定できるアミノ酸の種類は16種類となり，20種類のアミノ酸を指定することができない。3塩基の配列は $4 \times 4 \times 4 = 64$ 種類できるので，20種類のアミノ酸を指定することができる。

問2　ACACACAC‥‥の配列では，ACAとCACが交互に現れる。このmRNAが翻訳されると，トレオニンとヒスチジンが交互に結合したポリペプチドができたことから，ACAとCACの一方がトレオニン，他方がヒスチジンを指定することがわかる。ACAACAACAA‥‥の配列では，翻訳の開始点の違いから，次の3通りの翻訳のされ方がある。

① |ACA|ACA|ACA|ACA|
② A|CAA|CAA|CAA|CA
③ AC|AAC|AAC|AAC|A

　このmRNAが翻訳されると，トレオニンだけ，グルタミンだけ，アスパラギンだけがそれぞれ結合したポリペプチドができたので，ACA，CAA，AACの配列のいずれかが，トレオニンに対応する。先に述べたように，トレオニンを指定する可能性がある3塩基はACAまたはCACであることから，ACAがトレオニンを指定することがわかる。したがって，CACがヒスチジンを指定することもわかる。なお，CAAとAACの一方がアスパラギンを，他方がグルタミンを指定することがわかるが，この実験だけではこれ以上遺伝暗号を決定することはできない。

第8問　突然変異

問1　バリンを指定するmRNAの3塩基の配列である，GUU，GUC，GUA，GUGのうち，1塩基が置換してメチオニンを指定する配列AUGになるのは，GUGの1番目のGがAに置換する場合のみである。

問2　問1で解説したように，タンパク質Xの50番目のアミノ酸のバリンがタンパク

質 X′ ではメチオニンに変化している。こ
のとき mRNA の GUG が AUG に変化してい
るので, DNA の鋳型となる鎖の塩基配列は,
<u>C</u>AC(タンパク質 X の遺伝子)から <u>T</u>AC(タ
ンパク質 X′ の遺伝子)に変化したことがわ
かる。

問3 CUG の配列から 1 塩基の置換で生じ
る配列には, UUG, AUG, GUG, CCG,
CAG, CGG, CUU, CUC, CUA の 9 種類が
ある。このうち, UUG, CUU, CUC, CUA
の 4 種類がロイシンを指定するので,
mRNA の CUG のうちの 1 塩基が他の塩基
に置換しても, 同じロイシンを指定するも
のになる確率は $\frac{4}{9}$ である。

第9問 アミノ酸配列の決定

1 ⑥　2 ⑥　3 ①　4 ②　5 ⓪

問1 問題文に「下側の塩基配列が左側から
右側に転写されるものとする」とあるので,
DNA の下側の塩基配列と相補的な mRNA
の塩基配列は次図のようになる。

$\downarrow$

DNA　-TGATAGATCCTTAAAGGCGTGACCGATTTAC-
mRNA　-ACUAUCUAGGAUUUCCGCACUGGCUAAAUG-

　　DNA の鋳型鎖(塩基配列が転写される側
のヌクレオチド鎖)と mRNA の塩基配列は
相補的であり, 鋳型鎖とその相補鎖(問題
の図 1 の上側)の塩基配列は相補的である
ので, 相補鎖の T を U に変えれば mRNA の
塩基配列になる。次にコドンの読み枠を決
定する。上で求めた mRNA のコドンの読
み枠には次の 3 通りがある。

ACU|AUC|<u>UAG</u>|GAA|UUU|CCG|CAC|UGG|CUA|AAU|G

AC|UAU|CUA|GGA|AUU|UCC|GCA|CUG|GCU|AAA|UG

A|CUA|UCU|AGG|AAU|UUC|CGC|ACU|GGC|<u>UAA</u>|AUG

　　1 番目と 3 番目の読み枠の場合, 終止コ
ドン(下線で示す)が現れる。これは, 「タ
ンパク質 P の中央部のアミノ酸配列に対応
する部分」という条件に合わない。した
がって, 2 番目の読み枠が正しいことがわ
かる。コドン表から, 次図に示すように,
50 番目のアミノ酸はセリンである。なお,
図中の数字は各コドンが何番目のアミノ酸
に対応するかを示す。

$\downarrow$

AC|UAU|CUA|GGA|AUU|UCC|GCA|CUG|GCU|AAA|UG
　45　46　47　48　49 セリン 51　52　53　54　55

問2 $\downarrow$ で示した相補鎖の C が A に置換する
と, 50 番目のコドンは UCC から UAC に変
わる。UAC はチロシンを指定する。

問3 **ア** 左端から 5 番目の塩基が T から G
に置換すると, 対応するコドン(46 番目の
アミノ酸に対応)は UAU から UAG の終止
コドンに変化する。したがって, アミノ酸
数は 45 個になる。

イ 左端の塩基対が欠失すると, コドンの
読み枠が次のようにずれる。
AC|UAU|CUA|GGA| → CU|AUC|<u>UAG</u>|GAA|
　45　46　47　48　　　　45　46　47　48
47 番目のアミノ酸に対応するコドンが
UAG の終止コドンに変化するので, アミ
ノ酸数は 46 個になる。

ウ $\downarrow$ で示した相補鎖の C の右側の C が A
に置換すると, 50 番目のアミノ酸を指定す
るコドンは UCC から UCA に変化するが,
どちらもセリンを指定するので, 合成され

るタンパク質 P はアミノ酸配列もアミノ酸
数も正常である。したがって，アミノ酸数
は 100 個になる。

第10問　心臓と血液循環

| 1 | ④ | 2 | ② | 3 | ④ | 4 | ② | 5 | ⑤ |

問 1　左心室から血液が拍出されるときには，
左心室が収縮するので，左心室の容積は減
少する。図 1 で左心室の容積が減少するの
は，**エ→ア**の過程である。

問 2　房室弁(心房と心室の間の弁)が開くと
左心房から左心室に血液が流入する。この
とき左心室の容積が増加するので，房室弁
が開くのは**イ**である。左心房が弛緩して左
心室が収縮を始めると，左心室の内圧が左
心房の内圧を上回り，**ウ**で房室弁が閉じる。
その後，左心室の内圧が上昇して大動脈の
内圧を上回ると，大動脈弁が開いて血液が
左心室から大動脈に拍出される。このとき
左心室の容積は減少するので，大動脈弁が
開くのは**エ**である。さらに，**ア**で動脈弁が
閉じて血液の拍出が止まり，左心室は弛緩
する。

問 3　肺から左心室に流入した血液が左心室
から大動脈に送り出されて，脳や骨格筋を
含む全身に送られるので，血流量が最も多
い**オ**が肺である。骨格筋では，安静時に比
べて運動時の酸素消費量が著しく増加する
ので，運動時に血流量が大きく増加する**カ**
が骨格筋であり，安静時と運動時で血流量
の変化がほとんどない**キ**が脳であると考え
られる。

問 4　問 3 で述べたように，左心室からの拍
出量は，肺の血流量と等しくなると考えら
れる。図 2 から，運動時の 1 分間あたりの
肺の血流量は 20 L と読み取れる。

第11問　腎　臓

| 1 | ④ | 2 | ④ | 3 | ② | 4 | ⑥ |

問 1　腎臓を構成する単位であるネフロン
(腎単位)は，1 個の腎臓に約100万個存在
する。ネフロンは，毛細血管である糸球体
とボーマンのうからなる腎小体(マルピー
ギ小体)と細尿管(腎細管)からなる。

問 2　バソプレシンは，腎臓の集合管におい
て水の再吸収を促進するホルモンであり，
視床下部の神経分泌細胞で合成され，脳下
垂体後葉から分泌される。

問 3　グルコースの原尿へのろ過速度は，血
しょう中のグルコース濃度に比例して大き
くなる。血しょう中のグルコース濃度が低
いときは，ろ過されたグルコースはすべて
細尿管で再吸収されるため，グルコースの
原尿からの再吸収速度はろ過速度と同じで
あり，グルコースの尿への排出速度は 0 で
ある。一方，血しょう中のグルコース濃度
が高くなると，原尿中のグルコースのすべ
てを再吸収することができなくなり，グル
コースの原尿からの再吸収速度はやがて一
定の値をとる。その結果，グルコースの尿
への排出速度は，血しょう中のグルコース
濃度が高くなるにつれて大きくなる。した
がって，**ア**はグルコースの原尿へのろ過速
度を，**イ**はグルコースの尿への排出速度を
それぞれ示しているので，②が正しい。

問 4　問 3 で解説したように，次図において
アはグルコースの原尿へのろ過速度を，**イ**
はグルコースの尿への排出速度をそれぞれ
示しているので，**ア**が示す値と**イ**が示す値
の差が細尿管から毛細血管へのグルコース
の再吸収速度を示している。例えば，血
しょう中のグルコース濃度が800mg/
100mLのとき，グルコースの原尿へのろ過

速度は1000mg/分であり，グルコースの尿への排出速度は700mg/分であるので，細尿管から毛細血管へのグルコースの再吸収速度は，1000−700＝300mg/分である。

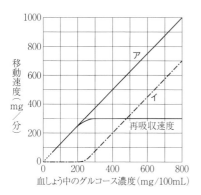

上図において，血しょう中のグルコース濃度が300mg/100mL以上のとき，アとイは平行になっていることから，血しょう中のグルコース濃度が300mg/100mL以上の場合に，細尿管から毛細血管へのグルコースの再吸収速度は300mg/分で最大となることがわかる。

第12問　凝集反応

| 1 | ③ | 2・3 | ④・⑥ |

問1　自然免疫に働く細胞には，マクロファージ，樹状細胞，好中球，NK細胞などがあるので，③が正しい。なお，獲得免疫に働く細胞には，マクロファージ，樹状細胞，T細胞，B細胞がある。

問2　ABO式血液型は，赤血球の表面に存在する2種類の抗原(凝集原A，凝集原B)と血しょう中に存在する2種類の抗体(凝集原Aと反応する凝集素α，凝集原Bと反応する凝集素β)の有無に基づいた血液型である。各血液型のヒトでは，そのヒトがもつ凝集原に反応する凝集素はできないので，赤血球表面と血しょう中に，次表のような組合せで凝集原と凝集素が存在する。

	A型	B型	AB型	O型
凝集原	A	B	A，B	なし
凝集素	β	α	なし	α，β

凝集原Aと凝集素α，あるいは，凝集原Bと凝集素βは特異的に結合して凝集反応を引き起こすため，異なる血液型の血液を混合すると凝集が起こる。表より，ヒトP，Q，R，Sの有形成分(血球)と液体成分(血しょう)は，いずれも互いに凝集のパターンが異なるため，4人は互いに異なる血液型であると考えられる。ここで，ヒトPの有形成分は，ヒトQ，R，Sの液体成分と混合しても凝集が起こらないことから，ヒトPの赤血球表面には凝集原Aも凝集原Bも存在しないと考えられる。したがって，ヒトPの血液型はO型である。また，ヒトRの液体成分はヒトP，Q，Sの有形成分と混合しても凝集が起こらないことから，ヒトRの血しょう中には凝集素αも凝集素βも存在しないと考えられる。したがって，ヒトRの血液型はAB型である。さらに，ヒトQの有形成分はヒトSの液体成分と混合すると凝集し，ヒトSの有形成分はヒトQの液体成分と混合すると凝集することから，ヒトQとヒトSの血液型は，一方がA型であり，他方がB型であると考えられる。

第13問　ホルモンの分泌異常

| 1 | ③ | 2 | ⑤ | 3 | ⑤ | 4 | ③ | 5 | ① |

問1　(1)　甲状腺の異常によって血液中のチロキシン濃度が正常値より低くなると，

フィードバック調節により，正常な視床下部からの放出ホルモンの分泌量と正常な脳下垂体前葉からの刺激ホルモンの分泌量が増加し，血液中のこれらのホルモンの濃度が正常値より高くなる。これはヒトCの結果であるので，③が正しい。なお，逆に甲状腺の異常によって血液中のチロキシン濃度が正常値より高くなると，フィードバック調節により，正常な視床下部からの放出ホルモンの分泌量と正常な脳下垂体前葉からの刺激ホルモンの分泌量が減少し，血液中のこれらのホルモンの濃度が正常値より低くなる。これはヒトDの結果である。

(2)　脳下垂体前葉の異常によって血液中の刺激ホルモン濃度が正常値より高くなると，正常な甲状腺からのチロキシンの分泌量が増加し，血液中のチロキシン濃度が正常値より高くなる。その結果，フィードバック調節により，正常な視床下部からの放出ホルモンの分泌量が減少し，血液中の放出ホルモン濃度が正常値より低くなる。これはヒトEの結果であるので，⑤が正しい。なお，逆に脳下垂体前葉の異常によって血液中の刺激ホルモン濃度が正常値より低くなると，正常な甲状腺からのチロキシンの分泌量が減少し，血液中のチロキシン濃度が正常値より低くなる。その結果，フィードバック調節により，正常な視床下部からの放出ホルモンの分泌量が増加し，血液中の放出ホルモン濃度が正常値より高くなる。これはヒトBの結果である。

さらに，視床下部の異常によって血液中の放出ホルモンが正常値より高くなると，正常な脳下垂体前葉からの刺激ホルモンと正常な甲状腺からのチロキシンの分泌量が増加し，血液中のこれらのホルモンの濃度が正常値より高くなる。これはヒトFの結果である。逆に，視床下部の異常によって

血液中の放出ホルモン濃度が正常値より低くなると，正常な脳下垂体前葉からの刺激ホルモンと正常な甲状腺からのチロキシンの分泌量が減少し，血液中のこれらのホルモンの濃度が正常値より低くなる。これはヒトAの結果である。

問2　(1)　チロキシンは生体内の化学反応（代謝）を促進するホルモンであるので，チロキシンの分泌量が著しく増加すると，体温が上昇し活発に代謝が行われるようになる。代謝のエネルギーは体内に蓄えていた物質を分解することで得られるので，このような状態が長期間続くと，体重が減少する。

(2)　インスリンは血糖濃度を低下させるホルモンであるので，インスリンの分泌量が著しく減少する状態が続くと，血糖濃度が低下しにくくなり，尿中に糖が排出されるようになる。すい臓のランゲルハンス島B細胞が破壊されると，インスリンが分泌されなくなるので糖尿病となる。このような糖尿病をI型糖尿病という。

(3)　バソプレシンは，腎臓の集合管に作用して水の再吸収を促進するホルモンである。バソプレシンの分泌量が著しく減少すると，水の再吸収量が低下するため，濃度の低い尿が大量に排出されるようになる。これを尿崩症という。

第14問　肥満とホルモン

1 ②　2 ②　3 ④

問1　①グルカゴンは，グリコーゲンの分解を促進して血糖濃度を上昇させるホルモンであり，その受容体はグリコーゲンを貯蔵している肝臓などにあるので，誤りである。②チロキシンは，組織での代謝を促進する

ホルモンである。チロキシンの血液中濃度が上昇すると，次図のようにフィードバック調節により，視床下部と脳下垂体前葉に作用して，甲状腺刺激ホルモン放出ホルモンと甲状腺刺激ホルモンの分泌を抑制する。その結果，チロキシンの分泌が抑制され，チロキシンの濃度が低下する。したがって，チロキシンの受容体は，組織の細胞の他に，視床下部や脳下垂体前葉にも存在するので，正しい。

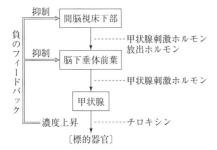

③バソプレシンは，水の再吸収を促進するホルモンであり，その受容体は腎臓の集合管にあるので，誤りである。④副腎皮質刺激ホルモン放出ホルモンは，副腎皮質刺激ホルモンの分泌を促進するホルモンであり，その受容体は脳下垂体前葉にあるので，誤りである。

問2 マウスXとマウスYはいずれも摂食行動が抑制されないために肥満になっているが，その原因は正常なレプチンが合成されないか，レプチンの受容体が正常に機能しないかのいずれかである。これを明らかにするために，これらのマウスと正常マウスの血管を結合させ，両者の血液が行き来するようにした。

　実験1で，マウスXと正常マウスの血管を結合させて飼育すると，マウスXは肥満のままであった。これは，正常マウスが合成したレプチンをマウスXが受容することができないこと，つまりマウスXの受容体の機能は正常でないと考えると矛盾なく説明できる。また，正常マウスの体重は大きく減少したので，マウスXはレプチンを大量に合成していることがわかる。

　実験2で，マウスYと正常マウスの血管を結合させて飼育すると，マウスYは体重が減少した。これは正常マウスが合成したレプチンをマウスYが受容できたこと，つまりマウスXの受容体の機能は正常であると考えると矛盾なく説明できる。したがって，マウスYが肥満であるのはレプチンが合成できないことが原因である。

　ここで，マウスXとマウスYの血管を結合させて飼育すると，受容体が正常に機能しないマウスXはレプチンを受容することができず，肥満のままであると考えられる。一方，受容体が正常であるマウスYはマウスXが合成した大量のレプチンを受容することができるので，体重が大きく減少すると考えられる。

問3 インスリンは血糖濃度を低下させるホルモンで，視床下部からの副交感神経の刺激により，すい臓のランゲルハンス島B細胞から分泌される。なお，インスリンの分泌が低下している状態では，組織の細胞がグルコースを取り込めないので，エネルギー源として脂肪が使われ，脂肪組織が減少する。その結果，レプチンの分泌量が低下して摂食が抑制されず，過食になると考えられる。

第15問　免　疫

1	⑥	2	①	3	②	4	⑨	5	③

問1 抗原の侵入により活性化され記憶細胞として残るのはB細胞とT細胞である。

問2 **実験1**において，皮膚移植の拒絶反応

が起こるためには，ヘルパーT細胞とキラーT細胞が必要である。このため，他の系統の個体からの皮膚移植により拒絶反応が起こり，移植片が脱落したマウスXとマウスYにはT細胞が存在するが，拒絶反応が起こらず移植片が生着したマウスZにはT細胞が存在しないと考えられる。**実験2**において，ジフテリア菌に感染した後，血清中にジフテリア菌に対する抗体をもつためには，ヘルパーT細胞と抗体を産生する形質細胞に分化するB細胞が必要である。マウスXの血清を注射された正常マウスにジフテリア菌を感染させると，ジフテリア菌への抵抗性を示し発症しなかったので，マウスXはT細胞とB細胞の両方をもつことがわかる。したがって，マウスXは正常マウスであると考えられる。また，マウスYの血清を注射された正常マウスにジフテリア菌を感染させると，ジフテリア菌への抵抗性を示さず発症した。マウスYは**実験1**でT細胞をもつことがわかっており，マウスYが抗体を産生できないのはB細胞をもたないからであると考えられるので，マウスYはB欠損マウスである。マウスZの血清を注射された正常マウスにジフテリア菌を感染させると，ジフテリア菌への抵抗性を示さず発症した。マウスZは**実験1**でT細胞をもたないことがわかっているので，B細胞が存在してもT細胞が存在しないことで抗体ができないのか，B細胞もT細胞も存在しないことで抗体ができないのか判断できない。したがって，マウスZは，T欠損マウスかあるいはBT欠損マウスのいずれかであると考えられる。

問3 自己免疫疾患は，体内に侵入した異物が自分自身の細胞や成分の物質に似ていることが原因で起こる場合が多い。その例としては，①関節にある細胞が標的となって，関節が炎症を起こしたり変形したりする関

節リウマチ，②すい臓にあるインスリン分泌細胞(ランゲルハンス島B細胞)が標的となり，インスリンを合成することができないⅠ型糖尿病，④全身の筋力が低下する重症筋無力症などがある。③心筋梗塞は，心臓の血管などに血栓ができて血管がつまり，心臓の組織に酸素が供給されず，酸素不足で心臓の細胞が死んでしまうことが原因で起こるので，自己免疫疾患ではない。

第16問　植生の遷移

問1 遷移の初期の段階に侵入する草本植物として，ススキやチガヤなどがあげられる。また，陽樹の例としては，アカマツやクロマツがあげられる。カタクリは夏緑樹林の林床で生育する草本植物，シラビソは針葉樹林の陰樹，スダジイは照葉樹林の陰樹である。

問2 陽樹と陰樹を比較すると，次図のように，陰樹は陽樹に比べて光補償点と光飽和点がともに低い。光補償点が低い陰樹は，陽樹に比べて耐陰性が高い。陽樹林から陰樹林へと変化するのは，陽樹に比べて陰樹の光補償点が低いので，暗い林床で陽樹の幼木は生育できないが，陰樹の幼木は生育できるためである。したがって，①が正しい。

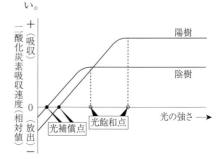

問3　気温は緯度だけでなく標高によっても変化するので，標高が高くなるにつれて，低緯度から高緯度への変化と同じようなバイオームの分布がみられる。次図のように，中部地方の標高1000mの地域には夏緑樹林が分布する。なお，夏緑樹林の優占種はブナやミズナラで，これらの樹種は冬季に落葉することで，冬の厳しい寒さに適応している。

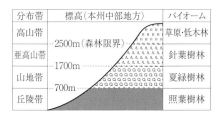

分布帯	標高(本州中部地方)	バイオーム
高山帯	―2500m(森林限界)	草原・低木林
亜高山帯	―1700m	針葉樹林
山地帯	―700m	夏緑樹林
丘陵帯		照葉樹林

問4　地点Yは B種の高木が優占している森林で，その林床に B種の幼木はほとんどみられないが，A種の幼木はみられる。したがって，A種は B種より耐陰性が高い樹種であることがわかる。地点 Zでは B種の高木がまだ存在しているが，地点 Xでは B種の高木がほとんど存在していない。これは時間経過に伴って，A種の幼木が成長して樹高が高くなり，地点 Xでは優占種となったためと考えられる。したがって，地点 X～Zを遷移の進んだ地点から順に並べると，X＞Z＞Yとなる。

第17問　極相林の維持

1	①	2	②	3	④

問1　森林では，高木層，亜高木層，低木層，草本層などの垂直的な構造がみられ，これを階層構造とよぶ。森林のなかでも熱帯多雨林は階層構造がよく発達しているが，針葉樹林の階層構造は2層程度であり，あま

り発達していない。また，ステップ(温帯草原)やサバンナ(熱帯草原)は主に草本からなるので，階層構造はほとんどみられない。

問2　区画Pでは，最も樹高が高い10m以上の樹種はⅠのみであることから，樹種Ⅰが優占種であると考えられる。また，照度が低い林床に樹高1m未満の樹種Ⅰや樹種Ⅲの幼木が生育していることから，これらの樹種は陰樹であることがわかる。したがって，陰樹である樹種Ⅰが高木層を形成している区画Pの地点は，これまでにギャップが形成されていない地点であると考えられる。

区画Qでは，樹高が10m以上の樹木はみられず，樹高が1m以上10m未満の樹種Ⅱのみがみられる。また，林床には1m未満の樹種Ⅱの幼木がみられないことから，樹種Ⅱは陽樹であることがわかる。

区画Rでは，樹高が10m以上の樹木はみられず，1m以上10m未満の樹高をもつ樹種として樹種Ⅱの他に陰樹である樹種Ⅰや樹種Ⅲもみられる。このことから，区画Qの地点よりも区画Rの地点の方がギャップができてからの時間が長いことがわかる。したがって，区画Qの地点が新しいギャップ，区画Rの地点が古いギャップであると考えられる。

問3　大きなギャップが形成された場合，林床まで十分に光が差し込むようになるので，土壌に埋もれていた陽樹の種子(埋土種子)が発芽して生育する。また，林床で待機していた陰樹の幼木も生育する。したがって，陽樹と陰樹の両方がみられる。小さなギャップが形成された場合，林床にまで十分な光が届かないので，光補償点の高い陽樹の芽ばえは生育できず，林床で待機していた陰樹の幼木だけが生育する。したがっ

て, 陰樹のみがみられる。

第18問　世界のバイオーム

> 1 ②　2 ②　3 ③　4 ⑤

問1　世界のバイオームは年平均気温が
−15℃から30℃の間の地域に分布する。
また, 図の横軸1目盛りの間隔が5℃であ
るので, Xは15℃となる。

問2　熱帯多雨林に生息する動物はオラン
ウータンであり, ヒグマは針葉樹林などに
生息する。ステップ(温帯草原)に生息する
動物はプレーリードッグであり, シマウマ
はサバンナ(熱帯草原)に生息する。

問3　図の斜線部分は硬葉樹林を示している。
硬葉樹林は温帯の中でも地中海沿岸のよう
に, 冬に降水量が多く, 夏の乾燥が厳しい
地域に分布する。したがって, ⓐは誤りで
あり, ⓑが正しい。硬葉樹林の代表的な樹
種は, 厚いクチクラ層をもち, 小さくて硬
い葉をつけるオリーブやゲッケイジュなど
である。なお, アコウやガジュマルは亜熱
帯多雨林の代表的な樹種である。

問4　問題文の「1年の間で森林内の明るさ
が大きく変動するバイオーム」とは, 落葉
樹林を指している。これに該当するのは夏
緑樹林(イ)と雨緑樹林(エ)である。

第19問　生物の多様性

> 1 ②　2 ③　3 ④　4 ④

問1　世界の生態系の中で, 生物の多様性が
極めて高いのは, 陸上では熱帯多雨林であ
り, 海洋では珊瑚礁である。針葉樹林は年
平均気温が低いために生物種が少なく, 富
栄養湖は特定のプランクトンが異常に増殖

しているために生物種が少なく, ともに生
物の多様性は低い。

問2　問題文で述べられているように, 多様
度指数(I)は次の式によって求めることが
できる。

$$I = 1 - (P_1^2 + P_2^2 + P_3^2 + \cdots\cdots + P_n^2)$$

この式におけるPは, ある地域に生息す
る種の頻度であり, その地域に生息する,
対象となる生物の全個体数に占めるそれぞ
れの種の個体数の割合を示す。したがって,
表から島Aの鳥類の多様度指数は, 次のよ
うに計算することができる。

$$1 - (0.6^2 + 0.1^2 + 0.1^2 + 0.1^2 + 0.1^2)$$
$$= 1 - 0.4 = 0.6$$

問3　問2と同様にして, 島Bと島Cにおけ
る鳥類の多様度指数を計算すると, 次のよ
うになる。

島B　$1 - (0.3^2 + 0.3^2 + 0.2^2 + 0.2^2)$
　　　$= 1 - 0.26 = 0.74$
島C　$1 - (0.4^2 + 0.2^2 + 0.4^2)$
　　　$= 1 - 0.36 = 0.64$

問題文に「多様度指数は0から1.0の範囲
の値をとり, 1.0に近いほど生物の多様性
が高い」とあるので, 島A〜Cは, 多様性
が高い順に, B＞C＞Aとなる。

ここで注意しておきたいのは, 3島のう
ち最も多くの鳥類(5種類)が生息する島A
の多様性が必ずしも最も高いとは限らない
ということである。島Aは1種類だけの個
体数が極端に多く, 他種の個体数が少ない。
これに比べて, 生息する種数は少なくても,
それぞれの種がほぼ均等に生息する島Bや
島Cの方が多様性が高いのである。

問4　①ある生態系で食物網の上位に位置し,
その生態系のバランスを保つのに重要な役
割を果たしている種をキーストーン種とい
う。キーストーン種を取り除くと, その種
に捕食されていた種の個体数が急激に増加

して，それらの餌となる生物を食べ尽くし，多くの種が絶滅するようなことが起こる。すなわち，キーストーン種を取り除くと生物の多様性が低くなるので，誤りである。

②ある生態系に捕食能力の高い外来種が侵入すると，その種に対して防衛手段をもたない在来種は捕食されてしまう。多くの在来種が絶滅する可能性があり，生物の多様性が低くなるので，誤りである。

③湖や海などにおいて，窒素やリンを含む栄養塩類が蓄積して高濃度になる現象を富栄養化という。人間の活動によって排出された有機物が湖や海に流れ込むと，細菌によって分解され，富栄養化が起こることがある。富栄養化が起こると，特定の生物のみが増加し，多くの生物は酸素不足などにより生息できなくなり，生物の多様性は低くなっている。このような水域で水質が浄化されると，生物の多様性が高くなるので，誤りである。

④農村の近くには，古くから人間によって管理された雑木林や草地などが存在し，このような地域一帯を里山という。雑木林は定期的に伐採されることで多様な環境が維持され，多くの野生動物に食物や営巣場所を提供してきた。近年では里山に人手が入らなくなり，遷移が進むことで雑木林の環境が失われている。その結果，生物の多様性は低くなるので，正しい。

第20問　生態系の保全

1 ③	2 ②	3 ③	4 ①

問1　最近の100年間の大気中の二酸化炭素濃度の上昇は，人間の活動によるものである。その一つは森林の伐採であり，特に熱帯多雨林の破壊によって，樹木の光合成による二酸化炭素の吸収量が減少している。もう一つは石炭や石油などの化石燃料の燃焼であり，これによって二酸化炭素の排出量が増加している。

問2　外来生物のうち，生態系や人間生活に多大な影響を及ぼす可能性がある生物が，特定外来生物に指定された。特定外来生物は，飼育や栽培，輸入などの取り扱いが原則として禁止されている。法律制定時には，動物36種，植物3種が指定されたが，その後随時追加されている。選択肢のうち，アライグマ，フイリマングース(ともに哺乳類)，グリーンアノール(は虫類)，オオクチバス(魚類)が特定外来生物である。したがって，アカウミガメ(は虫類)はあてはまらない。アカウミガメは絶滅危惧種である。

問3　図1の森林の面積は，$1000 \times 1000 = 1000000(\text{m}^2)$であるが，図2に示したように，森林外部と接する部分に幅100mの辺縁部が生じ，ここには本来の森林生態系が存在しない。したがって，本来の森林生態系の面積は，$800 \times 800 = 640000(\text{m}^2)$となる。この森林の中央を通る直線道路が建設されると，道路と接する部分にも100mの幅で辺縁部が生じる。道路が建設された森林において，本来の森林生態系が存在する部分は，次図のようになる。

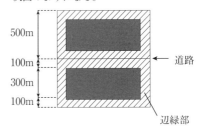

上図より，本来の森林生態系が存在する部分の面積は，$300 \times 800 \times 2 = 480000(\text{m}^2)$となる。したがって，この道路建設によって本来の森林生態系が存在する面積は，道路

建設前の480000 ÷ 640000 × 100 = 75(%)になる。

問4　生物の多様性の保全を目的とした自然保護区を設定する場合，辺縁部は保護区と森林外部との移行帯となるため，辺縁部の面積が最小になるような形状が望ましい。これは同じ面積のとき，辺縁部の長さが最小になる形状であるので，円形に近い形状が最も望ましい。